数字媒体交互设计 初级

Web产品交互设计方法与案例

威凤教育 主编

人民邮电出版社

北 京

图书在版编目（CIP）数据

数字媒体交互设计. 初级：Web产品交互设计方法与案例 / 威凤教育主编. -- 北京：人民邮电出版社，2021.4
　ISBN 978-7-115-54993-8

Ⅰ. ①数… Ⅱ. ①威… Ⅲ. ①主页制作－程序设计－职业技能－鉴定－教材 Ⅳ. ①TP3

中国版本图书馆CIP数据核字(2020)第199507号

内 容 提 要

本书针对 Web 产品交互设计新人，通过案例深入浅出地讲解了 Web 产品交互设计的思维、方法与技巧。

全书共 12 章，主要讲述了 Web 产品交互设计的要素、流程、工具和规范，Web 项目管理及协作方法，Web 产品交互创意的梳理方法，Web 产品流程图、原型图的制作方法，以及图标设计、组件设计、界面设计、图像处理、运营设计等内容，并辅以 Web 项目实战案例，带领读者一步步加深对 Web 产品交互设计的认知，提升自身的工作能力。本书的重点章后附有同步强化模拟题和作业，以帮助读者检验知识掌握程度并学会灵活运用所学知识。

本书内容丰富、结构清晰、语言简练、图文并茂，具有较强的实用性和参考性，不仅可以作为备考数字媒体交互设计"1+X"职业技能等级证书的教材，也可作为各类院校及培训机构相关专业的辅导书。

◆ 主　编　威凤教育
　　责任编辑　牟桂玲
　　责任印制　王 郁　彭志环
◆ 人民邮电出版社出版发行　北京市丰台区成寿寺路 11 号
　　邮编　100164　电子邮件　315@ptpress.com.cn
　　网址　https://www.ptpress.com.cn
　　北京七彩京通数码快印有限公司印刷
◆ 开本：800×1000　1/16
　　印张：15.75　　　　　　2021 年 4 月第 1 版
　　字数：308 千字　　　　2024 年 12 月北京第 8 次印刷

定价：79.90 元

读者服务热线：(010)81055410　印装质量热线：(010)81055316
反盗版热线：(010)81055315
广告经营许可证：京东市监广登字 20170147 号

数字媒体交互设计"1+X"证书制度系列教材编写专家指导委员会

主　任： 郭功涛
副主任： 吕资慧　冯　波　刘科江
编　委： 张来源　陈　龙　廖荣盛　刘　彦
　　　　　韦学韬　吴璟莉　陈彦许　程志宏
　　　　　王丹婷　陈丽媛　魏靖如　刘　哲

本书执行主编： 周燕华
本书执笔作者： 周燕华　王　蕾　汪　洋　白会肖　张　赛

出版说明

在信息技术飞速发展和体验经济的大潮下,数字媒体作为人类创意与科技相结合的新兴产物,已逐渐成为产业未来发展的驱动力和不可或缺的能量。数字媒体通过影响消费者行为,深刻地影响着各个领域的发展,消费业、制造业、文化体育和娱乐业、教育业等都受到来自数字媒体的强烈冲击。

数字媒体产业的迅猛发展,催生并促进了数字媒体交互设计行业的发展,而人才短缺成为数字媒体交互设计行业的发展瓶颈。据统计,目前我国对数字媒体交互设计人才需求的缺口大约为每年20万人。数字媒体交互设计专业的毕业生,适合就业于互联网、人工智能、电子商务、影视、金融、教育、广告、传媒、电子游戏等行业,从事网页设计、虚拟现实场景设计、产品视觉设计、产品交互设计、网络广告制作、影视动画制作、新媒体运营、3D游戏场景或界面设计等工作。

凤凰卫视传媒集团成立于1995年,于1996年3月31日启播,是亚洲500强企业,是华语媒体中最有影响力的媒体之一,以"拉近全球华人距离,向世界发出华人的声音"为宗旨,为全球华人提供高素质的华语电视节目。除卫星电视业务外,凤凰卫视传媒集团亦致力于互联网媒体业务、户外媒体业务,并在教育、文创、科技、金融投资、文旅地产等领域,进行多元化的业务布局,实现多产业的协同发展。

凤凰新联合(北京)教育科技有限公司(简称"凤凰教育")作为凤凰卫视传媒集团旗下一员,创办于2008年,以培养全媒体精英、高端技术与管理人才为己任,从职业教育出发,积极促进中国传媒艺术与世界的沟通、融合与发展。凤凰教育近十年在数字媒体制作、设计、交互领域,联合全国逾百所高校及凤凰卫视传媒集团旗下300多家产业链上下游合作企业,培养了大量的交互设计人才,为数字媒体交互人才的普及奠定了深厚的基础。

威凤国际教育科技(北京)有限公司(简称"威凤教育")作为凤凰教育全资子公司,凤凰卫视传媒集团旗下的国际化、专业化、职业化教育高端产品提供商,在数字媒体领域从专业人才培养、商业项目实践、资源整合转化、产业运营管理等方面进行探索并形成完善的体系。凤凰教育为教育部"1+X"证书制度试点"数字媒体交互设计职业技能等级证书"培训评价组织,授权威凤教育作为唯一数字媒体交互设计职业技能岗位资源建设、日常运营管理单位。

为深入贯彻《国家职业教育改革实施方案》（简称"职教20条"）精神，落实《关于在院校实施"学历证书+若干职业技能等级证书"制度试点方案》的要求，威凤教育根据多年的教学实践，并紧跟国际最新数字媒体技术，自主研发了基于数字媒体交互设计"1+X"证书制度的系列教材。

本系列教材按照"1+X"职业技能等级标准和专业教学标准的要求编写而成，能满足高等院校、职业院校的广大师生及相关人员对数字媒体技术教学和职业能力提升的需求。本系列教材还将根据数字媒体技术的发展，不断修订、完善和扩充，始终保持追踪数字媒体技术最前沿的态势。为保证本系列教材内容具有较强的针对性、科学性、指导性和实践性，威凤教育专门成立了由部分高等院校的教授和学者，以及企业相关技术专家等组成的专家组，指导和参与本系列教材的内容规划、资源建设和推广培训等工作。

威凤教育希望通过不断的努力，着力推动职业院校"三教"改革，提升中职、高职、本科院校教师实施教学能力，促进校企深度融合，为国家深化职业教育改革、提高人才质量、拓展就业本领等方面做出贡献。

威凤国际教育科技（北京）有限公司

2020年9月

前言
Foreword

随着科学技术的飞速发展，数字媒体交互设计已然与大众的生活、工作紧密结合，成为一个内涵广阔的新兴产业。在信息技术的强力推动下，各公司对数字媒体交互设计人才的需求日益增加，各大教育教学机构也越来越关注数字媒体交互设计人才的培养，并开设了相应的专业和课程。目前，数字媒体交互设计的人才培养已经进入迅猛发展的阶段，这为数字媒体交互设计从业人员和教育工作者提供了机遇。基于此，本书针对Web产品交互设计新人，详细地讲解了Web产品交互设计的思维、方法和技巧，旨在帮助读者由浅入深地了解从事Web产品交互设计工作所需掌握的基本技能，快速提高职业素养。

本书内容

本书共12章，各章的具体内容如下。

第1章为"Web产品交互设计入门"，主要讲解Web产品的分类、用户体验的5个层面、设计原则、设计流程、设计工具和设计规范等内容，帮助读者对Web产品交互设计有一个初步的认识。

第2章为"团队协作管理Web项目"，主要讲解了Web项目中如何进行有效协作并对项目进行科学的管理，包括团队协作方法和项目管理工具的使用方法。

第3章为"梳理交互设计创意"，以思维导图及其绘制工具为核心，详细讲解了在Web产品设计中梳理交互设计创意的方法。

第4章为"制作Web产品流程图"，详细讲解了流程图的基本概念、绘制工具以及使用流程图绘制工具分析Web产品的方法。

第5章为"Web产品交互原型设计"，主要讲解了Web产品交互原型图的设计流程，以及如何使用交互原型绘制工具制作原型图。

第6章为"图标设计"，主要讲解了绘制图标的相关工具以及常用的Web图标的绘制方法。

第7章为"组件设计"，主要讲解了Web端UI组件的设计方法，并以案例的方式帮助读者掌握其设计要点。

第8章为"界面设计"，主要讲解了Web界面的设计要素，并通过案例帮助读者领会Web界面设计的要领。

第9章为"图像处理"，主要讲解了抠图、修图和调色的方法，帮助读者掌握从事Web产品交互设计工作必备的图像处理技能。

第10章为"运营设计"，主要讲解了运营设计的概念、分类和方法，并通过一个运营设计综合案例帮助读者掌握运营设计的思维和方法。

第11章和第12章是Web产品设计的综合案例，通过案例实战演练，读者可以体验完整的Web产品交互设计过程，提高独立完成工作项目的能力。

本书特色

1. 内容丰富，理论与实操并重

本书内容由浅入深，先理论后实操，整体节奏循序渐进，通过理论解析+案例拆解的模式，帮助读者快速地了解、熟悉、掌握Web产品交互设计的相关知识、设计工具、设计流程和设计方法。

2. 章节随测，同步集训

本书的重点章后附有提供同步强化模拟题和作业，方便读者随时检测学习效果，查漏补缺。

读者收获

学习完本书后，读者可以熟练掌握Web产品交互设计的思维、方法及技巧，并且能够为进一步学习App产品交互设计打下良好的基础。

本书在撰写过程中难免存在错漏之处，希望广大读者批评指正。本书责任编辑的电子邮箱为muguiling@ptpress.com.cn。

编　者

目录 Contents

第1章　Web产品交互设计入门　001

1.1　认识Web产品　002
- 1.1.1　Web和Web产品　002
- 1.1.2　Web的发展　003

1.2　Web产品的分类　004
- 1.2.1　社交类Web产品　004
- 1.2.2　交易类Web产品　004
- 1.2.3　内容类Web产品　005
- 1.2.4　工具类Web产品　006
- 1.2.5　平台类Web产品　006
- 1.2.6　游戏类Web产品　007

1.3　Web产品的用户体验层面　007
- 1.3.1　战略层：产品目标和用户需求　007
- 1.3.2　范围层：功能需求和内容需求　008
- 1.3.3　结构层：交互设计和信息架构　009
- 1.3.4　框架层：界面设计、导航设计和信息设计　010
- 1.3.5　表现层：视觉设计　011

1.4　Web产品的设计原则　012
1.5　Web产品的设计流程　012
1.6　Web产品的设计工具　013
1.7　Web产品的设计规范　016
- 1.7.1　网页尺寸　016
- 1.7.2　网页布局　017
- 1.7.3　网页字体　018
- 1.7.4　字体间距　019
- 1.7.5　字体颜色　019
- 1.7.6　首屏内容　020
- 1.7.7　响应式布局设计　020

1.8　同步强化模拟题　021
作业：分析网站　022

第2章　团队协作管理Web项目　023

2.1　团队协作和项目管理　024
- 2.1.1　团队协作的要素　024
- 2.1.2　常见的团队协作方法　025

2.2　认识Teambition　025
- 2.2.1　Teambition概述　025
- 2.2.2　Teambition的主要功能　027

2.3　制作Web项目管理表　030
- 2.3.1　创建项目和任务　030
- 2.3.2　建立子任务　032
- 2.3.3　跟进项目　033

作业：制作学习进度表　034

第3章　梳理交互设计创意　035

3.1　认识思维导图　036
- 3.1.1　思维导图是什么　036
- 3.1.2　思维导图构成的要素　036
- 3.1.3　绘制思维导图的步骤　037

3.2　XMind的使用　038
- 3.2.1　认识XMind　038
- 3.2.2　XMind的使用方法与技巧　038

3.3 思维导图在Web产品设计中的应用 044
    3.3.1 用思维导图分析健身类Web
        产品结构 044
    3.3.2 用思维导图分析旅游类Web
        产品结构 050
3.4 同步强化模拟题 055
作业：用思维导图分析Web产品 056

第4章　制作Web产品流程图　057

4.1 认识流程图 058
    4.1.1 什么是流程图 058
    4.1.2 流程图的构成 058
    4.1.3 绘制流程图的步骤 061
4.2 流程图绘制工具Visio 062
    4.2.1 Visio的基本使用方法 062
    4.2.2 制作电商购物的流程图 063
4.3 用流程图分析Web产品 066
    4.3.1 制作流程图 066
    4.3.2 分析流程图 067
4.4 同步强化模拟题 069
作业：制作电商退换货流程图 070

第5章　Web产品交互原型设计　071

5.1 认识原型设计 072
5.2 绘制Web产品原型图的基本流程 072
    5.2.1 收集用户信息 073
    5.2.2 绘制草图和流程图 073

    5.2.3 绘制原型图 074
    5.2.4 制作交互稿 075
    5.2.5 可用性测试 077
5.3 认识Axure 077
    5.3.1 Axure的基本使用方法 078
    5.3.2 健身类网页设计原型图 081
5.4 同步强化模拟题 085
作业：制作"UI中国"的原型图和交互稿 086

第6章　图标设计　088

6.1 图形工具组 089
    6.1.1 认识图形工具组 089
    6.1.2 图形工具组的用法 089
    6.1.3 布尔运算的典型案例 090
6.2 填色和描边 094
    6.2.1 填色和描边工具的用法 094
    6.2.2 描边设置 095
    6.2.3 线性图标案例 098
    6.2.4 面性图标案例 100
6.3 颜色设置 101
    6.3.1 色板 102
    6.3.2 配色方案 103
    6.3.3 渐变 104
6.4 效果 107
    6.4.1 Illustrator效果 107
    6.4.2 Photoshop效果 107
6.5 同步强化模拟题 109

作业：网页常用图标 110

第7章　组件设计　111

- 7.1 认识Web端UI设计组件　112
  - 7.1.1 UI设计组件的概念　112
  - 7.1.2 UI设计组件的优势　113
  - 7.1.3 基于组件的设计方法　113
  - 7.1.4 引入组件化的时间　117
  - 7.1.5 使用组件化的方法　117
- 7.2 导航　118
- 7.3 表单　120
- 7.4 数据　122
- 7.5 反馈　123
- 7.6 基础　124
- 7.7 其他　125
- 7.8 网页组件绘制案例　126
- 7.9 同步强化模拟题　131
- 作业：制作网页卡片　133

第8章　界面设计　134

- 8.1 Web界面的流行趋势　135
- 8.2 Web界面设计要素　139
  - 8.2.1 栅格系统　139
  - 8.2.2 界面中的文字处理　140
  - 8.2.3 界面配色　143
- 8.3 Web界面设计案例　145
  - 8.3.1 设计分析　146
  - 8.3.2 绘制过程　146
- 8.4 同步强化模拟题　149
- 作业：服装品牌网页设计　151

第9章　图像处理　152

- 9.1 抠图　153
  - 9.1.1 快速选择工具组　153
  - 9.1.2 钢笔工具　155
  - 9.1.3 保存选区和载入选区　157
- 9.2 修图　158
  - 9.2.1 修图的概念　158
  - 9.2.2 修图的工具及使用方法　161
  - 9.2.3 人物形体修图　167
  - 9.2.4 人物面部修图　170
  - 9.2.5 产品修饰　173
- 9.3 调色　174
  - 9.3.1 调色的概念　175
  - 9.3.2 调色的命令及使用方法　177
- 9.4 同步强化模拟题　185
- 作业：人物修图　187

第10章　运营设计　188

- 10.1 运营和运营设计的概念　189
- 10.2 运营设计的分类和特点　190
  - 10.2.1 活动运营专题设计　190
  - 10.2.2 品牌运营专题设计　190
- 10.3 高效做运营设计的方法　191

10.3.1 项目分析	192
10.3.2 设计执行	193
10.4 运营设计综合案例	203
10.4.1 品牌运营设计	203
10.4.2 活动运营设计	207
10.5 同步强化模拟题	211
作业：旅游类页面Banner设计	212

第11章　Web产品首页设计案例　213

11.1 页面布局	214
11.1.1 处理素材	214
11.1.2 新建文档	215
11.1.3 设置栅格	215
11.1.4 调整图片	216
11.2 制作导航栏	216
11.3 添加文字和按钮	217
11.3.1 添加主副文字	217
11.3.2 制作按钮	218
11.4 输出文件	218
11.5 拓展知识：Web详情页设计	218
11.5.1 常用的详情页设计形式	219
11.5.2 详情页首屏设计方法	220
11.5.3 详情页制作案例	221
作业：运动类网站首页设计	224

第12章　Web产品设计全流程　225

12.1 案例说明	226
12.2 设计准备	226
12.3 原型设计	229
12.4 界面设计	235
作业：购物类Web产品的页面设计	238

附录　同步强化模拟题答案速查表239

第 1 章

Web产品交互设计入门

本章主要讲解Web和Web产品的概念，Web产品的分类，Web产品的用户体验层面，以及Web产品的设计原则、设计流程、设计工具和设计规范等内容。通过对本章的学习，读者可以对Web产品交互设计有一个初步的认识，为后续学习奠定基础。

1.1 认识Web产品

本节主要讲解Web和Web产品的概念，以及Web产品的迭代更新过程，让读者对Web产品有一个整体的认识。

1.1.1 Web和Web产品

Web全称为World Wide Web，即全球广域网，也称为万维网，用户可以由一个网址跳转到另一个网址，从而获取更多的信息。由于这种多连接性，Web又被形象地称为蜘蛛网，这其实也是它中文直译的意思。Web是建立在互联网上的一种网络服务，它可以在一个页面上同时显示文本、图片、音频和视频，为浏览者提供可视化的、易于访问的直观界面。

根据使用设备，Web可以分为PC端和移动端。根据使用角色，Web可以分为Web前端和Web后端，用户在浏览页面时所看到的所有元素都位于Web前端，Web产品的拥有者或管理员可以通过Web后端进行信息发布和数据管理等操作。

Web产品是指满足用户特定需求的基于互联网技术的功能与服务，如新浪、网易、淘宝和京东等。现在智能手机已经成为人们日常沟通交流的主要工具，人们通常会利用碎片化的时间浏览置于手机中的Web产品。为了迎合这一用户需求，很多在PC端看到的Web产品，都会根据原有网站的特点在移动端开发一套Web App，运行时需要在移动端上安装浏览器并且联网。图1-1和图1-2所示分别是京东网页在PC端和移动端展示的效果。

图1-1

图1-2

1.1.2 Web 的发展

Web 从出现到开始流行，经历了 3 个不同的阶段，分别是 Web 1.0、Web 2.0 和 Web 3.0。

Web 1.0 主要以内容为中心，服务商产生内容，用户被动接受，即网络是信息提供者。这个阶段网络社交还没有成型，大多是以企业和组织机构为主的门户网站，如搜狐、网易、新浪、腾讯等，用户基本是通过网络查看自己需要的资料。图 1-3 为新浪网主页展示。

Web 2.0 主要以人为中心，用户在服务商的平台上生产内容，即用户是信息提供者。这一阶段网络社交逐渐开始，比较热门的论坛有天涯（见图 1-4）、猫扑、西祠胡同等，网站以发帖的形式来展现个人内容。从 Web 2.0 开始，网络逐渐从单纯的文字内容分享过渡到娱乐化社交，如人人网、QQ 空间和开心网等，当时的抢车位、偷菜成为网络平台上相当热门的小游戏。

图1-3

图1-4

Web 3.0 逐渐过渡到智能化，进一步缩短了人和科技的距离，网络成为用户需求的理解者和提供者，了解用户所需，通过资源筛选、智能匹配，直接给用户提供答案。这时的网络更像用户的私人助理，用户通过关键词进行搜索，网络即会筛选出用户感兴趣的内容。当整个网络逐渐过渡到智能化时，交流方式以发帖为主的社交平台，由于交互方式不便捷，流失了大量用户。目前，微信几乎成为人人在用的日常交流工具，而钉钉、飞书则成为人们日常工作的沟通工具。图 1-5 为钉钉和飞书的页面展示。

图1-5

1.2 Web产品的分类

Web产品的分类有多种方式,按照服务对象,可以分为面向用户(C端)的产品和面向客户(B端)的产品;按照使用设备,可以分为移动端、PC端以及其他智能终端;按照用户需求,还可以分为社交类、交易类、内容类、工具类、平台类和游戏类。本书是按照用户需求对Web产品进行分类的。

1.2.1 社交类Web产品

社交类Web产品是为满足人们的社交需求所开发的。在互联网发展早期该类产品就出现了,如E-mail、微博(见图1-6)、微信和QQ等。

图1-6

1.2.2 交易类Web产品

交易类Web产品是为满足线上各类交易行为所开发的。有买卖就会有收益,因此很容易发掘各类盈利模式，所以交易类Web产品重在满足供应链、支付流程、物流、售后和刺激消费行为等需求，如淘宝、京东、天猫（见图1-7）等。

图1-7

1.2.3 内容类Web产品

内容类Web产品是为满足用户对信息获取的需求所开发的，其用户既有内容产生者，又有内容消费者，内容的形式可以是文字、图片、音频和视频等，诸如简书、知乎、优酷、网易云音乐（见图1-8）便是典型的内容类Web产品。

图1-8

1.2.4 工具类 Web 产品

工具类Web产品是为用户解决特定问题所开发的。因为用户需求明确,所以工具类Web产品的结构比较简单。又由于用户的使用目的性强,用完即走,所以用户黏度不高,用户信息无法留存,很难发掘商业价值。为弥补这些缺点,通常一方面会引导用户注册,以获取用户信息和行为习惯,提供个性化增值服务,提升用户体验;另一方面则是通过关联业务形成生态体系,最终转变为平台型产品。百度地图、石墨文档(见图1-9)、墨迹天气、为知笔记等都属于工具类Web产品。

图1-9

1.2.5 平台类 Web 产品

平台类Web产品是为同时满足用户多种需求所开发的。Web产品的初期通常由垂直细分的需求点出发,在逐步发展的过程中不断拓宽业务领域,最终形成一个生态化的平台型产品,如京东、淘宝、携程、途牛(见图1-10)、悦动圈等。

图1-10

1.2.6 游戏类 Web 产品

游戏类Web产品，顾名思义，其主要是提供游戏类内容，通过游戏中的虚拟世界来满足玩家的各种需求。通过长期发展，游戏类Web产品也衍生出了各种类型，按照运行平台可以分为手游（手持设备）、端游（客户端）、页游（网页加载）。游戏类Web产品在更新迭代的过程中会与其他形态的Web产品进行结合，如内容社区、周边商城等，形成一个较为综合的Web产品。目前，较为玩家青睐的周边商城有网易游戏印象、DNF周边商城、腾讯周边商城等。

1.3 Web产品的用户体验层面

网站相当于一个自助式产品，用户需要依据自己的智慧和经验来面对，当用户对网站某个功能产生疑惑时，大多数网站无法意识到用户的困境，所以网站只是把信息放在上面是不够的，还需要用一种用户能理解和接受的方式呈现出来，这就需要提高用户体验。提高用户体验的方法被称为以用户为中心的设计。战略层、范围层、结构层、框架层和表现层组成了一个基本架构，依据这个架构来解决用户体验的问题。

1.3.1 战略层：产品目标和用户需求

战略层决定了产品的方向，根据产品目标和用户需求来制定。

1. 产品目标

产品目标是指通过产品能得到什么。产品目标主要通过3个方面来衡量：商业目标、品牌标识和成功标准。

商业目标可以简单地理解为通过网站给企业带来收益或替企业节约成本。品牌标识是指在用户与产品发生交集时，网站在用户心中形成的品牌形象，以提升用户对企业的好感度。成功标准是指通过一些可追踪的数据来评估产品是否达成商业目标和满足用户需求。

2. 用户需求

分析用户需求主要有两个方法，分别是用户细分和用户研究。通过这两个方法收集资料，创建出代表真实用户的虚构人物，如图1-11所示。

用户细分是通过人口统计学、消费心态档案和用户认知程度来构建用户画像。人口统计学包括性别、年龄、教育水平、收入等。消费心态档案是用于描述用户对社会，尤其是对产品的观点或看法的心理分析方法。用户认知程度是指用户对Web产品的熟悉程度和适应程度，如是小白用户还是重度用户。

图1-11

用户研究是通过市场调研、现场调查、任务分析和用户测试等方法来确认用户需求。市场调研通常有问卷调查和用户访谈两种方式。现场调查是通过一套完整且有效的方法来了解用户的日常行为习惯。任务分析是指在特定的任务环境中，对用户与产品产生的交互行为进行分析。用户测试是指在产品上线前，请一些用户来测试产品，通过测试结果来优化用户体验。

1.3.2 范围层：功能需求和内容需求

在通过战略层对产品目标和用户需求有较为清晰的认知之后，需要对已经明确的需求做优先级排列和拆分细化的工作，明确所设计的产品到底要为用户提供什么样的内容和功能。

1. 功能需求

功能需求是指具体满足用户哪些方面的需求。功能需求可以分为直接需求和真实需求。例如，一个刚入职场的毕业生，在网上订购了一盒钉子，他的直接需求为买一盒钉子。经过更深入的用户访谈后发现，该用户一个人在外地工作，下班回到出租屋，感觉出租屋很冷清，于是网购了一盒钉子，把全家福照片挂起来，这才觉得屋内温暖了许多。可见，该用户的真实需求是温暖。所以，对用户的研究，不能仅限于销售数据的分析，还要挖掘数据背后的真实需求。

2. 内容需求

内容需求与功能需求相配合，有效地收集和管理内容资源。

3. 确定优先级

Web产品的上线时间或迭代时间是有限的，在有限的时间里需要确定功能开发的优先级。

1.3.3 结构层：交互设计和信息架构

结构层是将功能需求和内容需求组成一个整体。功能需求需要考虑交互设计，即用户可能产生哪些行为，系统如何配合和响应这些用户行为。内容需求需要考虑信息架构，即信息架构所呈现的内容是否合理，通常以用户是否能快速找到想要的内容为判断依据。

信息架构的单位是节点，节点可以对应任意信息。信息架构设计的结构方法有层级结构、矩阵结构、自然结构和线性结构。

层级结构又称为树状结构或中心辐射结构，节点与其他相关节点存在父级和子级的关系，如果1-12所示。矩阵结构允许用户在节点与节点之间沿着两个或更多的维度移动，如图1-13所示。

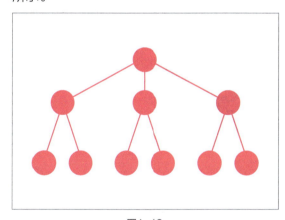

图1-12

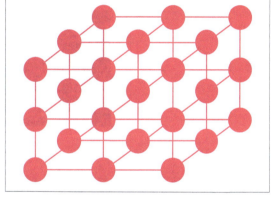

图1-13

自然结构不遵循任何一种模式，其节点是逐一被连接起来的，没有太强的分类概念，如图1-14所示。线性结构是将节点从头到尾地串联起来，如图1-15所示。

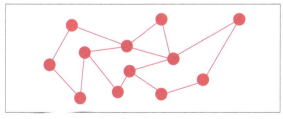

图1-14

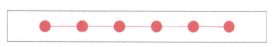

图1-15

1.3.4 框架层:界面设计、导航设计和信息设计

结构层让产品具有了整体形象,接下来在框架层需要确定界面设计、导航设计和信息设计。

1. 界面设计

将最重要的内容让用户一眼看到,让用户知道在界面上能做哪些事情,使其与产品产生互动。基于用户最常采用的行为习惯做交互元素的布局。例如,单击图片能调整页面,通过搜索功能搜索信息,单击更多下载按钮可以浏览到更多的下载内容,如图1-16所示。

图1-16

2. 导航设计

导航可以实现页面跳转,并且能体现网站的功能,它能清晰地告诉用户"从哪里来""在哪里""可以到哪里去",如图1-17所示。

图1-17

3. 信息设计

根据用户使用网站后所留存的内容，将这些内容进行信息分类，遵循用户的想法并按优先级排列。例如，用户每日在网站上打卡，网站则会显示今日打卡成功，以及已经打卡的次数和根据打卡次数所获得的等级。

1.3.5 表现层：视觉设计

界面设计解决交互布局的问题，导航设计解决页面跳转的问题，信息设计解决用户信息排列的问题。接下来要为表现层做视觉设计。

在视觉设计上，可以采用品牌颜色，给用户传递品牌形象，如图1-18所示。在不破坏页面结构的情况下，加强各模块之间的区分，让用户能够顺畅地浏览页面。可以用视觉引导的方法让用户完成目标任务。在做视觉设计时需要注意一致性，即页面结构的一致性，元素使用的一致性等，使用户在浏览页面时不会迷茫或产生疑问。

图1-18

1.4 Web产品的设计原则

在设计Web产品时,需要遵循一些设计原则,这些原则包括清晰的页面结构、以用户为中心、简单易操作。

1. 清晰的页面结构

在设计Web产品时,清晰的页面结构是非常重要的,这样用户才能顺畅地使用界面并清楚知道界面是用来做什么的,能产生什么样的交互,解决什么样的问题。清晰的页面结构有助于减少用户出错概率,提供完美的用户体验。

用户在浏览网页时并不是通读所有的内容,而是快速地浏览,直至找到想去的"地方"。因此作为设计者,应该通过清晰的页面结构帮助用户尽快达到目的。

2. 以用户为中心

用户是产品的最终体验者,设计师在设计Web产品时,应以用户为中心,站在用户的立场来考虑Web设计。用户之间的差别很大,操作习惯和对页面的熟悉程度也各不相同,设计师是没办法同时满足所有用户的需求的,能做到的是让页面使用起来更加方便和简单。

3. 简单易操作

用户不是设计师,无法理解页面的操作原理,并且大多数用户对计算机的使用经验也不是很丰富,稍微复杂的操作就会让他们感到吃力,所以设计师要注意简化操作步骤,减轻用户的操作负担,让操作变得更加简单。

1.5 Web产品的设计流程

Web产品的设计有一套基本的流程,这一流程并不是单次循环,而是往返循环,通过每一个完整流程诞生的产品投入市场并收到反馈后,会不断产生出新的产品需求和迭代出新的产品,如图1-19所示。

图1-19

本书将Web产品设计的流程划分为5个阶段，其中，研究、概念和产品立项属于产品定义阶段，交互设计和视觉设计属于产品设计阶段，前端后台开发属于产品开发阶段，测试走查属于产品测试阶段，上线属于产品发布阶段。各阶段的主要工作内容如下。

1．产品定义阶段

在产品定义阶段，用户调研人员负责产品适用人群的需求分析，产品的易用性与可用性分析，用户的使用行为分析，以及产品上线后使用问题的反馈，并对所有分析之后的数据进行归纳、汇总等。

2．产品设计阶段

在产品设计阶段，用思维导图来理清项目中客户和用户的需求，把这些信息组织成更清晰的想法，并在各想法之间建立层级关系。根据产品提供给用户的功能绘制流程图，运用交互知识搭建产品核心架构，并设计出原型，最终实现易用、好用的产品。

3．产品开发阶段

在产品开发阶段，研发工程师负责产品的最终实现。根据产品的特点确定开发工具，配置管理工具、测试工具、文件服务器等。

4．产品测试阶段

产品开发完成后需要进行产品的错误排查、多平台适配、兼容性测试等工作。此外，还有运营工作。运营是一项从内容建设、用户维护、活动策划3个层面来管理产品的，简单来说，运营就是负责已有产品的优化和推广。

5．产品发布阶段

测试工作完成后，就可以发布产品了。发布产品前，所有程序需要由测试人员进行确认测试，并解决所有遗留问题。开发的新产品还需要进行适当的压力测试。源码和文档入库备案。产品发布后，负责产品测试的人员需要通知有关部门并附上产品发布说明单。产品发布一段时间后，在使用过程中可能会出现一些漏洞，需要及时修复并重新发布。

1.6　Web产品的设计工具

工欲善其事，必先利其器。在完成一个Web产品设计的过程中会使用多个软件工具来完成每个流程中的工作，要提高工作效率，选择一款好的软件是至关重要的。

1．产品分析工具

XMind是一款功能全面的思维导图和头脑风暴软件。它不仅可以绘制思维导图，还可以绘制鱼骨图、二维图、树形图、逻辑图和组织结构图，并且在这些展示形式中能互相切换。在XMind

中，除了可以灵活地定制节点外观、插入图标外，还可以选择样式和主题，如图1-20所示。

图1-20

Visio是一款将复杂信息、系统和流程进行可视化处理、分析和交流的软件。它不仅绘图类型全面，可以绘制流程图、网络拓扑图、电路图、平面图和甘特图等图形，而且软件操作简单，易上手，零基础的用户也能轻松绘图，如图1-21所示。

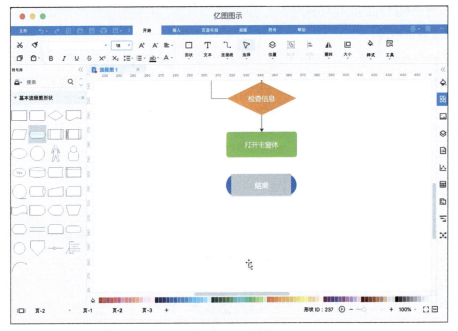

图1-21

2. 交互设计工具

Axure RP是一个专业的产品原型工具，它能够快速创建应用软件或Web产品的线框图、流程图、原型图（见图1-22）和规格说明文档。作为专业的原型工具，Axure RP能快速、高效地创建原型，同时支持多人协作设计和版本控制管理，自带组件库并支持第三方组件库，提供交互支持和原型预览。

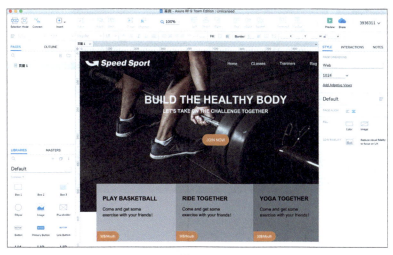

图1-22

3. 视觉设计工具

Photoshop是一款图像处理软件，也是设计师必备的重要工具之一，如图1-23所示。它的应用范围非常广泛，在平面设计、广告摄影、影像创意、网页制作、后期修饰、视觉创意和界面设计中都会用到。

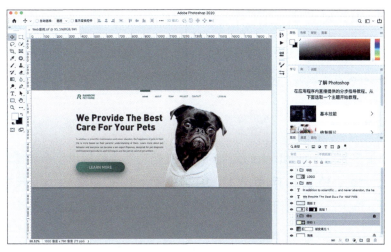

图1-23

Illustrator是一款矢量绘图软件，它广泛应用于印刷出版、海报设计、专业插画、界面设计和图形绘制等。对于路径的处理，它有较高的精细度和控制度，适用于任何小型设计或大型的复杂项目，如图1-24所示。

图1-24

1.7 Web产品的设计规范

Web产品的设计需要团队成员之间的互相协作，为了使最终设计出来的界面风格一致，减少重复的工作，其设计需要遵循统一的操作规范。以标准化的方式设计界面，可以提高工作效率。

1.7.1 网页尺寸

网页尺寸有很多种，在Illustrator软件的新建文档功能中就提供了多种常用的网页尺寸，如图1-25所示。目前，较常用的网页尺寸是1920像素×1080像素[①]。这个尺寸的网页比较容易适配其他屏幕。选定尺寸后就可以进行网页设计了，但需要注意的是，选择任何尺寸进行设

---

① 像素（pixel，px）是数字图像的最小单位。1px就是1个像素。

计，并不代表可以将网页铺满整个屏幕。

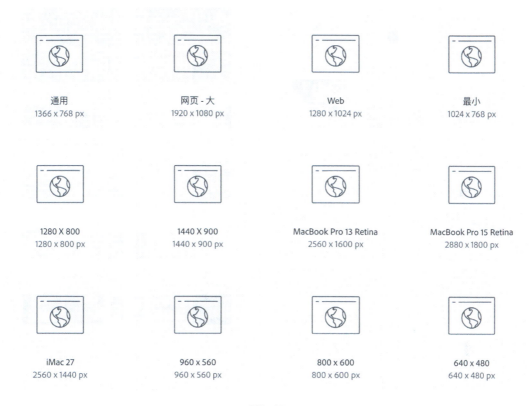

图1-25

1.7.2 网页布局

网页布局主要有两种，分别是左右型布局和居中型布局。

1. 左右型布局

左右型布局指网页的左边为导航栏，宽度没有限制，可以根据实际情况调整；右边为内容板块，展示网页的内容，如图1-26所示。

2. 居中型布局

四边留有一定的宽度，没有实际用途，只是为了适配屏幕时内容不被遮挡；中间则作为网页的内容展示区域，如图1-27所示。

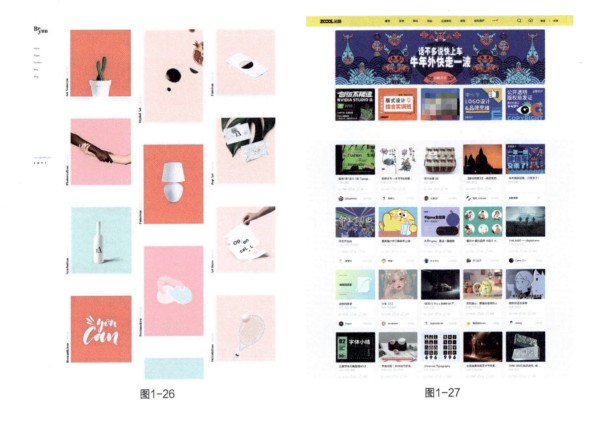

图1-26　　　　　　　　　　　　　　　图1-27

1.7.3 网页字体

考虑到用户的阅读舒适度，一般使用非衬线字体，除非网页有特殊需求。中文使用苹方、微软雅黑或思源黑体，英文使用Arial字体。

常用的字号大小有12像素、14像素、16像素、18像素，如图1-28所示。12像素属于网页中的最小字体，适用于注释性的内容。14像素则是普通正文的大小。16像素或18像素适用于标题或突显的文字内容。

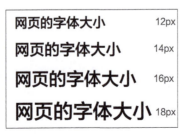

图1-28

网页的字号大小没有严格的规定，可以根据实际情况进行调整。字号放大或缩小时最好以偶数来调整，如12像素、14像素、16像素。字体搭配最好不要超过3种。如果需要更多层级来表现内容，可以通过改变字体颜色或加粗字体来体现。

一般情况下，会选择一粗一细两种表现形式，粗体在视觉面积上较重，加粗的笔画用来突出显示，起强调作用，通常用于标题和标语。细体在视觉面积上较轻，笔画比较细，阅读时不会让读者产生压迫感，通常用于正文和说明。图1-29所示为同一字体不同笔画粗细的展现效果。

图1-29

1.7.4 字体间距

相邻文字的间距保持默认数值即可。行间距，一般以字号大小的1.5~2倍作为参考，段间距以字号大小的2~2.5倍作为参考。例如，字号为14像素，行距一般设置为21~28像素，段间距设置为28~35像素，如图1-30所示。

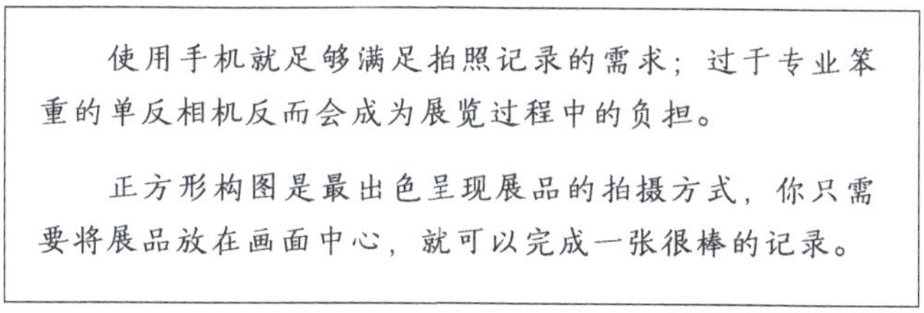

图1-30

1.7.5 字体颜色

网页中，主要文字颜色，如标题，建议使用公司品牌色，以提高网站与公司之间的关联，增加辨识性和记忆性；正文字体颜色选用易读的深灰色，如#333333或#666666；辅助性文字可以使用浅一些的颜色，如#999999，如图1-31所示。

图1-31

1.7.6 首屏内容

网页首屏的内容至关重要,它占据了主要的视觉部分。网页首屏是指打开网站后,在计算机屏幕上出现的第一屏内容,当鼠标指针向下滑动时,则显示网页的第二屏内容、第三屏内容。首屏同时也承载着转化率的任务,首屏是否能吸引用户向下继续操作,内容和视觉设计很关键。

Windows XP操作系统的首屏高度平均值是580像素,Windows 7及以上的操作系统的首屏高度平均值是710像素,但Windows XP操作系统已经很少人使用,所以在制作首屏时,高度多以710像素为参考值,如图1-32所示。

图1-32

1.7.7 响应式布局设计

响应式布局设计是指在不同设备、屏幕、分辨率的不同环境下,依然能保证信息表现一致,并且可以交互操作。也可以理解为由于页面的宽度发生了变化,进而信息展现也跟着改变了,如图1-33所示。

对页面进行响应式布局,需要对内容做不同宽度的设计,有两种方式:一种方式是桌面优先,即从桌面端开始向下设计;另一种方式是移动设备优先,即从移动端向上设计。

无论基于哪种方式做设计,都需要为页面宽度设定一个临界点,即当页面的宽度到达什么范围时,页面信息该如何展示。

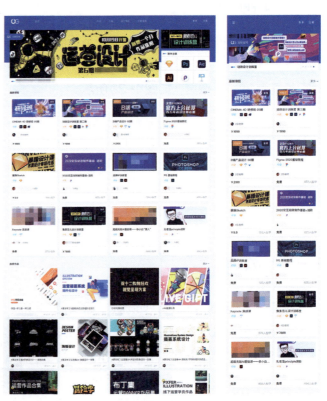

图1-33

1.8 同步强化模拟题

一、单选题

1. 以下选项中，不属于根据用户需求划分的Web产品类型的是（   ）。
   A. 社交类　　　　　　　　　B. 交易类
   C. 工具类　　　　　　　　　D. 移动端

2. 以下选项中，不属于社交类Web产品的是（   ）。
   A. E-mail　　　　　　　　　B. 微博
   C. 百度地图　　　　　　　　D. 微信

3. 以下选项中，不属于交易类Web产品的是（   ）。
   A. 京东　　　　　　　　　　B. 知乎
   C. 天猫　　　　　　　　　　D. 淘宝

4. 以下选项中，不属于Web产品的框架层设计的是（   ）。
   A. 功能需求　　　　　　　　B. 界面设计
   C. 导航设计　　　　　　　　D. 信息设计

二、多选题

1. 以下选项中，属于平台类Web产品的有（   ）。
   A. 京东　　　　　　　　　　B. 淘宝
   C. 携程　　　　　　　　　　D. 途牛

2. 信息架构设计的结构方法包括（   ）。
   A. 层级结构　　　　　　　　B. 矩阵结构
   C. 自然结构　　　　　　　　D. 线性结构

3. 产品目标是指通过产品能得到什么，主要通过以下哪3个方面来衡量？（   ）
   A. 商业目标　　　　　　　　B. 功能需求
   C. 品牌标识　　　　　　　　D. 成功标准

4. Web产品设计的工作流程包括（   ）。
   A. 产品定义阶段
   B. 产品设计阶段
   C. 产品开发阶段
   D. 产品测试阶段
   E. 产品发布阶段

三、判断题

1. 层级结构又称为树状结构或中心辐射结构,节点与其他相关节点存在父级和子级的关系。( )

2. 自然结构允许用户在节点与节点之间沿着两个或更多的维度移动。( )

3. 用思维导图来理清项目中客户和用户的需求,把这些信息组织成更清晰的想法,并在各想法之间建立层级关系,属于产品定义阶段的工作。( )

作业:分析网站

选择一个网站,通过用户体验要素分析该网站的5个用户体验层级,并以Word文档的方式呈现。

第 2 章

团队协作管理Web项目

在工作中难免会遇到跨部门协作或团队协作的问题,如果协作得不好,会引发一系列的问题,严重影响工作效率。如何才能将资源合理分配,使得部门之间或成员之间高效合作办公是非常值得思考的。本章将讲解团队协作的要素和常见的协作方法,以及如何使用Teambition管理Web项目,让团队协作不再成为难题。

2.1 团队协作和项目管理

在日常工作中，完成商业项目往往避免不了团队协作。作为初入职场的小白，需要了解团队协作的要点，在完成自己工作的同时能帮助其他成员一起推进项目的发展。

2.1.1 团队协作的要素

团队协作是指，为达到既定的目标，团队成员要能够资源共享和展现出协同合作的精神。对于团队的领导者来说，要履行自己的职责，调动成员的积极性，发挥所有成员的特长，形成团队凝聚力。对于团队的成员来说，不仅要有个人能力，还需要在不同的位置上各尽所能，有与其他成员协调合作的能力。

但是，若团队成员较多，很容易出现各种各样的问题，因此团队协作要注意3个基本要素：分工、合作和监督。

1. 分工

如果是一个人就能完成的任务，项目经理一般会指派给专人负责，这样个人独立且不存在分工的问题。在两人协作的工作中，彼此可以通过沟通和协商对工作量和工作内容进行有效的分配。但在一个大的项目组里，由于成员较多，在工作量和内容的分配上，很难通过平等协商和沟通得到一个令大家都满意的方案。这就需要产品经理熟悉项目流程和工作内容，合理安排和协调团队成员的工作。

2. 合作

有分工就需要有合作，彼此相互配合，可以事半功倍。在同伴协作过程中，由于人员构成简单，彼此合作、协调、沟通的难度会比较低。在大的项目组里，由于成员的教育背景不同，彼此间的人际关系复杂，以及彼此工作不熟悉的原因，会在协作的过程中产生矛盾，这就需要产品经理进行相互协调，解决问题。

3. 监督

在个人独立工作时，一切工作都需由自己承担和负责，因为没有让其他人分担的可能。在团队协作中，彼此可以进行简单有效的互相监督，因而在工作中偷工减料的可能性会比较低。在大的项目组中，团队协作是不可忽视的重要环节，在处理团队协作问题时，建立起完善的团队机制可以帮助我们处理团队的常见问题，如工作偷工减料、没有按要求完成任务等。

在项目管理中，首先对项目进行分解，将任务分配给各个成员，同时明确每个成员的待办事项，配合项目管理工具，让项目进度一目了然，让成员之间的协作更高效。

2.1.2 常见的团队协作方法

现今,团队协作是非常普遍的一种工作模式,良好的团队协作方式能发挥出1+1>2的力量,那么如何才能加强团队协作呢?下面介绍几种常见的团队协作方法。

1. 认可他人

团队协作的基础是彼此尊重和信任,每个人都有自己擅长的地方,只要能合理地分工,让每个人都尽可能地发挥所长,你就会发现每个人都有他自己的价值。身为团队中的一员,要能看到其他人的长处,这样大家才能彼此尊重和信任。

2. 成功孕育成功

若想让团队成员之间一直保持良好的协作关系,可以让成员互相配合完成一些任务,让大家看到共同合作后的效果,这样每个人都会认识到合作的重要性。

3. 对事不对人

当项目遇到问题时,成员之间难免会发生争论。但是,在讨论问题时,只针对如何解决问题,不能进行人身攻击。解决问题时以达成项目目标为指导方向,这样既能解决问题,又不影响团队之间的协作氛围。

4. 增加团队活力

团队成员在工作上要配合默契,工作之外需要开展一些促进成员交流的活动,如团建活动、聚餐等,通过这样的活动,可以增强团队的凝聚力。作为项目经理或产品经理应当想方设法地增强团队的协作力,让团队更好地完成项目目标。

2.2 认识Teambition

随着企业的壮大,部门会越来越多,公司员工人数也会逐渐增加,人员分工更细,部门之间的沟通协作的效率往往会越来越低,进而影响公司整体的工作效率。这时候就需要借助一款项目管理软件来辅助部门工作,跟进项目进度。Teambition是可促进团队协作的项目管理工具,通过帮助团队轻松共享和讨论工作中的任务、文件、分享、日志等内容,可以让团队协作发生无限可能。本节将介绍Teambition的使用方法。

2.2.1 Teambition 概述

Teambition可用于管理工作、学习和生活,以任务看板的呈现方式使项目进程更加直观和易于管理,同时针对企业在项目管理中遇到的其他问题提供特色功能。在Teambition中,只需要建立一个项目,然后就可以按项目阶段拆分任务并指派到个人。如果对建立项目、划分任务不是很了解,Teambition还提供了多种模板,包括产品、研发、市场、销售、人事行政等多个方面,如图2-1所示。

图2-1

在同一个任务看板上,可以清晰地知道"谁来做""要做什么""何时完成",所有工作内容都一目了然,这在很大程度上降低了沟通成本,如图2-2所示。

图2-2

在项目中能将任务指派到个人,并且明确地让执行者知道他要做什么工作、具体的工作细节、截止时间等,很好地保证了任务的落地性,如图2-3所示。不管是在公司上班还是在家办公,都能通过Teambition跟进工作进度,了解工作内容,按时完成工作任务。

图2-3

2.2.2 Teambition 的主要功能

扫码看视频

在Teambition中，项目管理是核心功能，管理者可以根据不同的工作内容来创建多个项目，并将员工分配到这些项目中，这样每个项目都是与任务相关的内容，也确保只有参与该项目的员工能接收到通知，如图2-4所示。

图2-4

因为项目之间是独立的，每个项目都可以根据需要做个性化设置，如设置项目的公开性，设置不同的任务类型和自动化规则等，如图2-5所示。

图2-5

任务看板是项目的主要呈现方式,每个任务呈卡片式排列在页面中,通过将任务卡片拖曳到不同的任务列表,表示此任务的当前状态,这种方式操作简单,并且所有人都能迅速找到自己的任务,管理者也能直观地看到当前任务的进度,如图2-6所示。

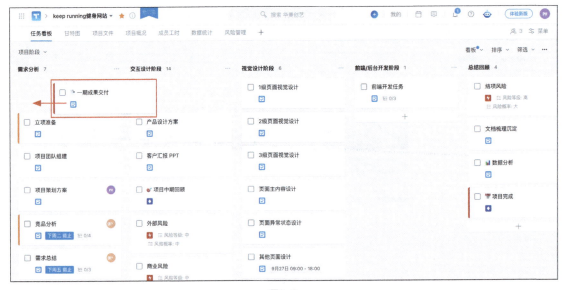

图2-6

如果一个任务中包含多个工作项目以及需要多个成员配合,则可以在任务卡片里继续细分子任务,并将子任务安排给不同的人,如图2-7所示。

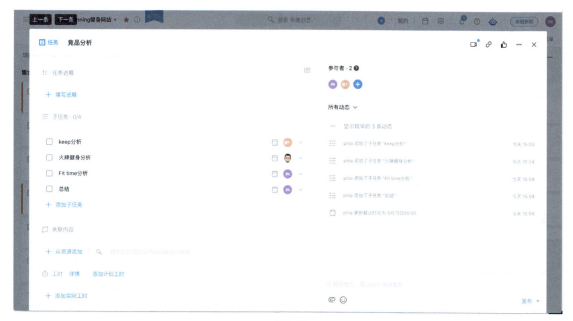

图2-7

通过统计功能，可以查看这个项目的任务总量，已完成和逾期的任务，以及每个项目成员的任务完成情况。通过查看这些数据，项目负责人可以根据任务的实际完成情况调整任务的完成时间，及时发现并解决问题，如图2-8所示。

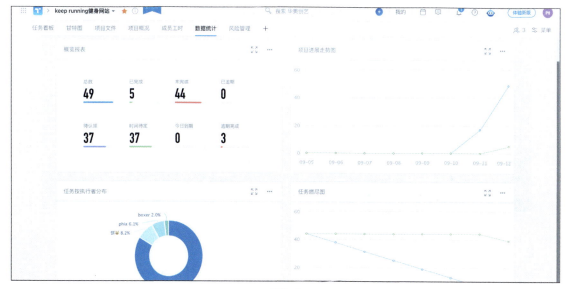

图2-8

2.3 制作Web项目管理表

扫码看视频

本节将通过具体案例，帮助读者掌握在Teambition中建立项目、细分任务、查看任务、管理项目、跟进进度的方法。

2.3.1 创建项目和任务

案例背景：某公司计划研发一款数字阅读的Web产品，首先需要了解数字阅读的市场背景和用户群体，免费数字阅读的产品应用场景和使用需求，然后调研目前已有的竞品，并从商业模式、功能、架构和视觉表现方面进行分析，最后呈现一份详细的需求报告，评估这款Web产品的可实施性。

1. 创建项目

针对这一任务需要在Teambition中建立相关项目，组建调研团队来展开调研工作。

登录Teambition，在首页中单击【创建新项目】→【空白项目】按钮，在弹出的【空白项目】对话框中，添加参与此项目的成员，输入项目名称，单击【完成新建】按钮，如图2-9所示。

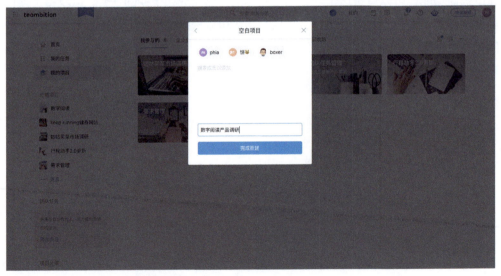

图2-9

2. 修改任务列表

单击待处理任务列表右侧的扩展按钮 ⋯ ，在弹出的列表中选择【编辑列表】命令，在弹出的【编辑列表】输入框中输入任务列表名字，单击【保存】按钮。然后单击【新建任务列表】按钮，可以添加新的任务列表，如图2-10（a）所示。将鼠标指针悬停在任务列表的名称上，按住鼠标左键拖曳任务列表面板，可以改变任务列表的排列顺序，如图2-10（b）所示。

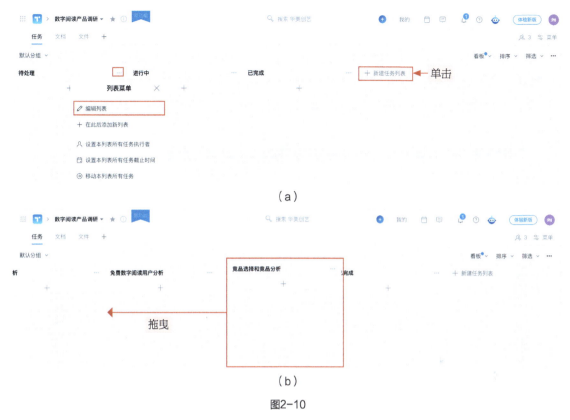

(a)

(b)

图2-10

3. 在每个任务列表下创建任务

单击任务列表名称下方的【+】按钮，在弹出的输入框中输入任务名称，单击【创建】按钮，即可创建任务，如图2-11所示。

图2-11

2.3.2 建立子任务

单击任务面板，展开任务详细信息。单击【添加子任务】按钮，在弹出的输入框中输入子任务名称，单击【保存】按钮，即可建立子任务；单击【取消】按钮，即可停止创建子任务。

子任务建立后，单击子任务右侧的待认领按钮，可以添加负责该任务的成员，如图2-12所示。

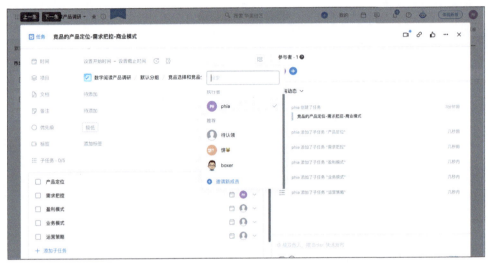

图2-12

在选项栏里，单击【开启更多应用】按钮，可以开启甘特图、工时等应用，全方位了解项目进度，如图2-13所示。

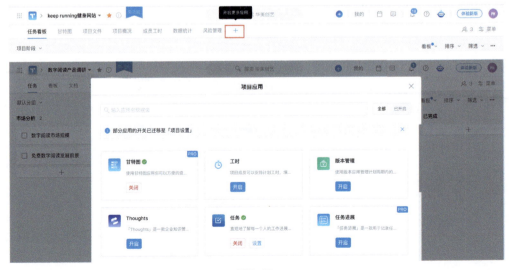

图2-13

2.3.3 跟进项目

回到Teambiton的首页，单击【我的任务】，可以查看关于自己需要执行的任务，自己创建的任务和参与的任务，如图2-14所示。

图2-14

在左侧的团队任务列表中，单击添加关注按钮 + ，关注参与该项目的成员，方便跟进该成员的工作，如图2-15所示。

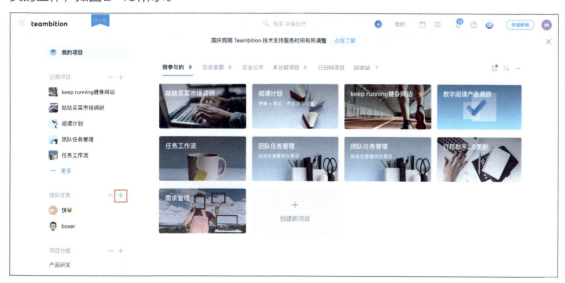

图2-15

作业：制作学习进度表

根据本书内容，制作关于《数字媒体交互设计（初级）——Web产品交互设计方法与案例》的学习进度表。

作业要求

（1）可以根据任务特性，在Teambition中选择合适的项目模板。
（2）根据学习内容添加任务列表和任务。
（3）为任务添加子任务，细化学习内容，详细列出学习的完成时间。

第 3 章

梳理交互设计创意

设计师需要将创意、灵感和信息及时记录下来，尤其在交互设计中，需要梳理产品的框架结构。本章主要讲解快速梳理交互设计创意的方法——绘制思维导图，并通过思维导图在健身类Web产品中的运用，以及用思维导图制作旅游类Web产品结构的两个案例，帮助读者深入领会交互设计创意的梳理方法。

3.1 认识思维导图

在工作和学习的过程中,我们都希望能够借助某种工具提高自己记忆和记录信息的能力。思维导图的放射性结构能够使大脑思维得到快速发散,这种实用性的思维工具能让人们最大限度地利用自己潜在的智力资源。

3.1.1 思维导图是什么

思维导图又称脑图、心智图、树状图等,是用来表达发散性思维的有效图形思维工具。通过思维导图可将我们的思路、知识、灵感等大脑思维活动过程以有序化、结构化方式模拟出来,达到可视化的效果,而可视化的图形、颜色等元素对大脑具有一定刺激性,有助于加强记忆与开阔思维。

在Web产品交互设计中,我们常用思维导图来梳理设计创意。

3.1.2 思维导图构成的要素

在学习绘制思维导图之前,首先要了解思维导图是由哪些要素构成的。思维导图主要由6个要素构成:中心主题、分支主题、关联线、关键词、配色和配图。

1. 中心主题

中心主题就是思维导图的主题思想和核心内容,一张思维导图只有一个中心主题,整个思维导图都是围绕中心主题展开的。中心主题的设计要重点突出,便于阅读和调动大脑思维。

2. 分支主题

分支主题用于说明中心主题的内容或者作为论点支撑中心主题,因此分支主题是从中心主题发散出来的。分支主题有等级之分,如一级分支主题、二级分支主题、三级分支主题、四级分支主题等。一级分支主题是从中心主题发散出来的,二级分支主题则是从一级分支主题发散出来的,依次类推。所以一级分支主题的重要性高于二级分支主题、三级分支主题等。为了突出一级分支主题部分,通常会对一级分支主题做强调设计,如加粗字体或加框。

3. 关联线

关联线就是联系各分支的线,主要有4种类型,分别是连接线、关系线、外框和概括线。

连接线是连接不同分支主题之间的线,通过不同的颜色可以体现各层级之间的关系。

关系线用于连接两个主题,建立某种关联。假设这个分支主题跟这边的主题有关联,就可以通过新建关系线并在上面做注释的方式，表明二者之间存在关系。

外框主要用于强调框里的内容，一般用得比较少。

概括线就是起到对内容概括、总结的作用。我们常用的小括号、中括号、大括号都属于概括线。

4．关键词

关键词就是每个分支主题上的内容。在绘制思维导图时，要使用简洁、概括的词语来总结。简洁的词语会留给人更多的思维发散的空间，如果过多地使用短句或者句子修饰语，反而会限制我们的思路。

5．配色

色彩越丰富，视觉冲击力越强，更容易加深记忆，不同分支主题之间的配色要注意区分好层级关系。关于思维导图的配色可以参考一些配色网站。

6．配图

配图是为了更生动、形象地说明关键词，一张好的配图可以省掉很多的文字。需要注意的是在寻找思维导图的配图时，要寻找高清的大图，不能有水印，否则会降低品质。

3.1.3 绘制思维导图的步骤

绘制思维导图的关键是如何将思维发散并清晰地将思考过程呈现出来。绘制思维导图的步骤如下。

（1）首先准备一张白纸和一些彩笔，然后从白纸的中心开始绘制，周围留出空白。从白纸的中心开始绘制是为了能更好地将发散的思维自由地呈现出来。在绘制中心主题时，可以使用与主题相关的配图，从而更好地发散思维。

（2）从纸张的右上方开始，用自然弯曲的线将中心主题和主要分支连接起来，然后把主要分支和二级分支连接起来，依次类推。通过这种连接的方式可以让大脑更容易联想，加深理解和记忆。把主要分支主题连接起来的过程同时就是创建思维导图基本结构的过程。

（3）在每条分支线上使用一个简洁、概括的关键词。单个词语的使用，会使思维导图更加灵活。而使用的短句、短语等过多的话，会限制思维发散。

（4）不同的分支使用不同的颜色。颜色可以刺激大脑更加活跃，使大脑更具有创造性思维。在视觉上，颜色会使不同分支更加明确，更易阅读和整理。

（5）除了不同的配色，还可以使用与主题相关的配图。图片和颜色一样，也能使大脑兴奋，但是所配的图必须和主题相关，否则就是画蛇添足，影响思路，造成记忆混乱。

3.2 XMind的使用

为了提高绘制思维导图的效率，可以使用思维导图软件。使用思维导图软件绘制思维导图时，更容易修改和添加分支，同时也方便存储并在多平台上应用。下面详细介绍XMind思维导图软件的使用方法。

3.2.1 认识XMind

XMind是一个全功能的开源且跨平台的思维导图和头脑风暴软件，提供各种结构图，如鱼骨图、矩阵图、时间轴、括号图、组织结构等，能帮助用户发散思维，捕捉灵感，快速记住大量信息，理清复杂想法或事项。在XMind上，用户能以多种视觉化的思维呈现方式，创作出具有个人风格的思维导图并上传分享。

3.2.2 XMind的使用方法与技巧

首先需要在计算机上安装XMind软件。XMind软件可以从官网免费下载，如图3-1所示。

图3-1

打开安装好的XMind软件，可以看到其中有各种样式的思维导图模板可供选择，从中选择一个适合的模板，单击【创建】按钮开始制作，如图3-2所示。

在工作区中，选中【中心主题】，单击工具栏中的【子主题】按钮，可以添加一个分支主题。选中新添加的分支主题，再单击【子主题】按钮，则可以添加次级分支主题，依次类推，就可以创建思维导图的基本框架，如图3-3所示。

第3章 梳理交互设计创意

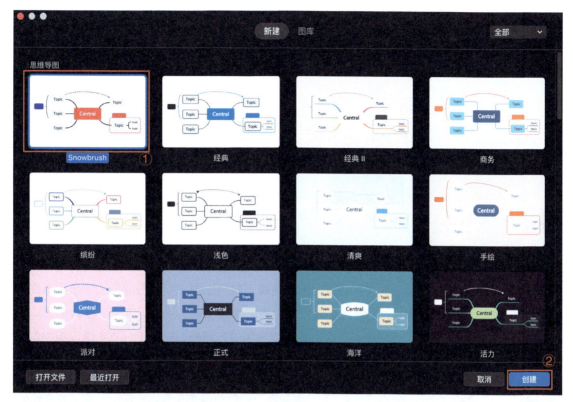

图3-2

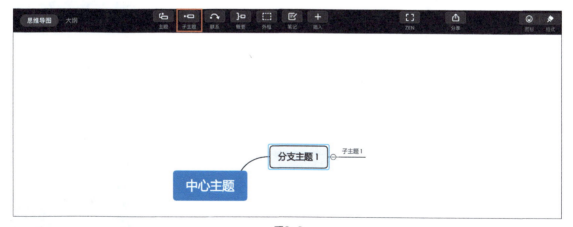

图3-3

如果想给分支主题添加图片、附件等素材，则选中需要添加的分支主题，单击工具栏中的【插入】按钮 ，在弹出的级联列表中选择相应的选项，即可添加相应的素材，如图3-4所示。

039

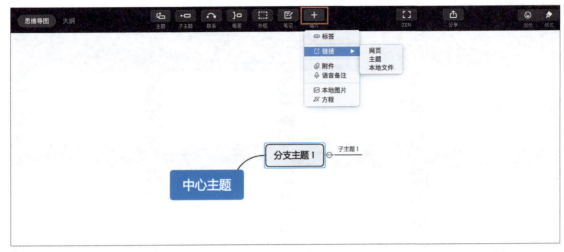

图3-4

搭建完框架后就可以填充内容了。双击分支主题,就可以对文字进行编辑。单击工具栏中的【格式】按钮,在弹出的【样式】选项卡中可以修改文字的字体、字号、字体颜色、文字对齐方式等属性,如图3-5所示。还可以对分支线条进行调整,如在【分支】选项组中勾选【线条】【彩虹分支】或【线条渐细】复选框,就会改变分支线条的样式,如图3-6所示。

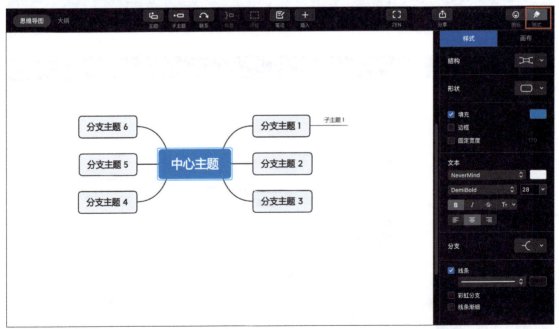

图3-5

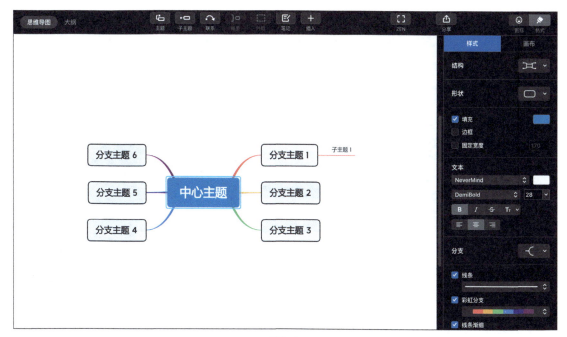

图3-6

如果想对结构进行修改,则可以在【样式】选项卡的【结构】下拉列表框中选择需要的结构,如图3-7所示。

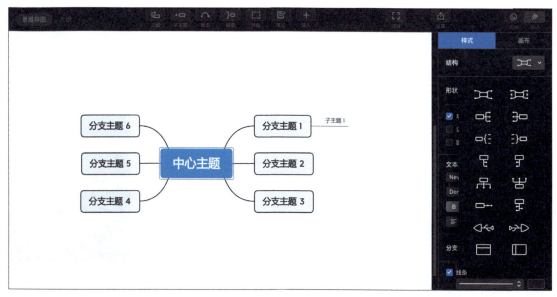

图3-7

如果需要调整画布的风格,则可以在【画布】选项卡中选择需要的画布布局,如图3-8所示。

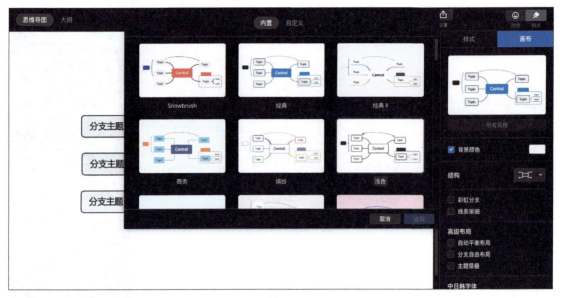

图3-8

按住分支主题拖曳，可以移动分支主题到需要放置的位置，如图3-9所示。

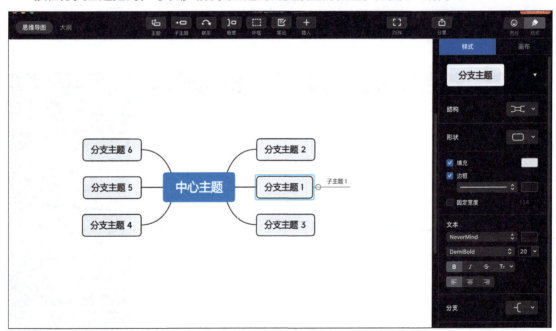

图3-9

如果想给分支主题添加标记、标签等，可以在菜单栏中选择【插入】命令，并在弹出的列表中选择要添加的内容，如图3-10所示。

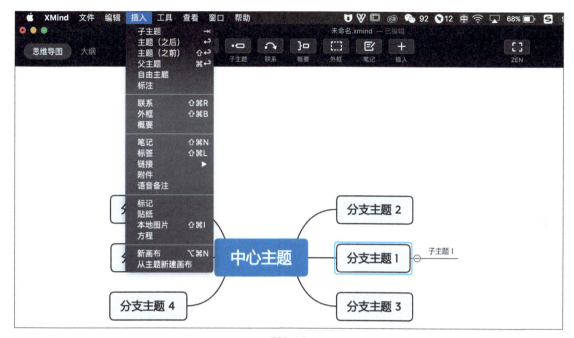

图3-10

思维导图制作完成并检查无误后，执行【文件】→【导出】命令，选择所需导出的文件格式，如图3-11（a）所示，导出保存即可。如果想将思维导图分享，可以单击工具栏中的【分享】按钮，在弹出的列表中选择要分享的文件格式或社交网络，如图3-11（b）所示。

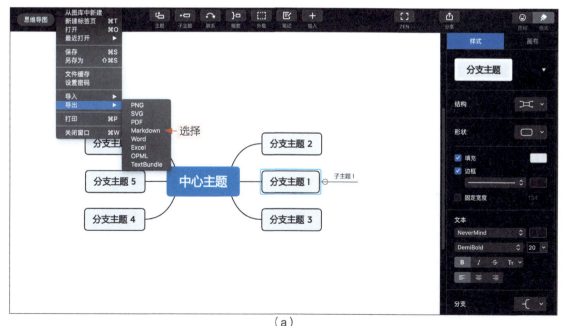

（a）

图3-11

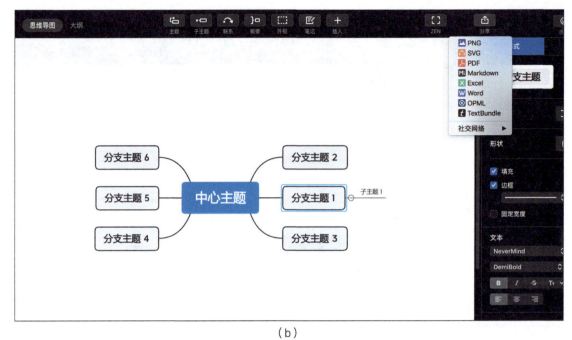

（b）

图3-11（续）

以上就是XMind的基本使用方法。只要掌握思维导图的绘制规则和绘制要领，就可以很好地提高工作和学习的效率。

3.3 思维导图在Web产品设计中的应用

在Web产品设计过程中，需要梳理产品策划思路，因此思维导图在Web产品设计的整个过程中占有重要的地位，它可以帮助设计者在每个环节寻找突破口。通过这种使发散性思考具体化的方法，Web产品设计师不仅能解决设计中思路混乱的问题，还能清晰地搭建产品的结构框架。

3.3.1 用思维导图分析健身类Web产品结构

随着人们物质生活水平的提高，人们对健身的需求在大幅度提高，一些面向健身需求的Web产品也应运而生，如FitTime、Keep、Hi运动等。FitTime的用户量增长趋于平缓，下面我们就以FitTime为例，介绍如何通过和Hi运动做竞品分析（见图3-12），找出用户痛点并运用思维导图做出改版设计。

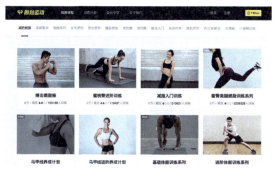 

图3-12

1. 战略层分析

① 用户需求。

两款健身类Web产品的用户需求均为用户希望利用碎片化的时间进行锻炼，花费较低的成本，有专业化的训练指导和运动方案，并且可以通过社区分享运动日常，寻找共同运动的伙伴，系统学习健身知识。

② 用户定位。

两款产品的用户定位大体相同，都是针对有健身需求、有健身兴趣或者没时间去健身房的年轻人。

③ 官方介绍。

FitTime：即刻运动。

Hi运动：您的健身管理专家。

④ 产品定位。

FitTime：提供线上训练教学视频、线上训练营等健身服务。

Hi运动：提供系统的健身教学视频、科学的饮食计划以及大量的健身知识等服务，打造健身服务闭环。

⑤ 商业模式。

FitTime：会员充值、商城盈利和线上训练营等。

Hi运动：无。

从商业模式可以看出，FitTime的商业模式更加丰富，但其核心功能不如Hi运动的实用。如果一个产品过于商业化，但核心功能跟不上，会引起用户反感，降低用户体验。

2. 功能分析

FitTime的产品定位主要是提供线上训练教学视频，但是有些视频内容需要付费才能观看，所以一般用户能使用的功能和能观看的训练教学视频并不完整。

Hi运动的产品定位是为用户打造健身+饮食的完整健身过程，包括训练、饮食查询、健身知识、健身工具、健身资讯等部分，提供的训练内容比较全面，由动作、课程和长期训练计划组成，核心内容比FitTime的更丰富。

（1）用户数据采集。

FitTime：对用户的初始数据采集不够，无法精准投放课程，如图3-13所示。

Hi运动：采集精准的用户信息，便于给出最佳的训练建议，如图3-14所示。

图3-13

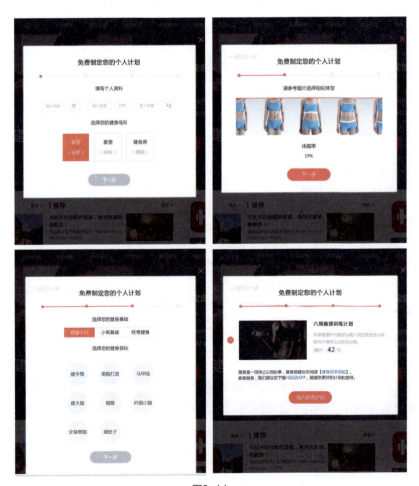

图3-14

优化方案：采集精准的用户信息，并给出丰富的、有针对性的健身训练建议。

（2）训练。

FitTime：针对用户的需求，训练方式有跟着视频练习和跟着计划练习，如图3-15所示。

图3-15

Hi运动：针对不同的场景、层次、目标的健身人群，不仅提供使用不同的器械进行室内健身的视频课程，还针对不同的身体部位提供相对应的训练指导，并能面向不同的健身主题提供一套系统的训练计划。在每个视频页面中，不仅有动作要领图、主要肌肉示意图，而且允许用户添加训练计划，如图3-16所示。

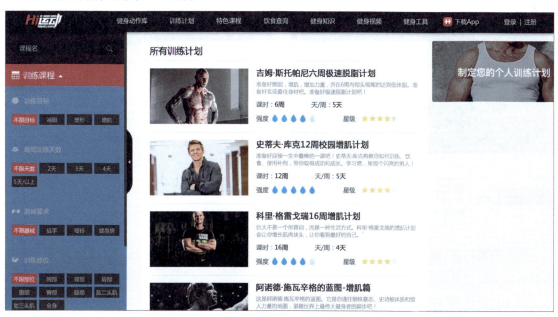

图3-16

图3-16(续)

优化方案:在【视频课程】页面多推送几节免费体验课程,让免费用户向付费用户转化,让用户有一个自主选择的机制。

(3)运动数据。

FitTime:没有运动数据的采集记录。

Hi运动:在网站的首页,用户就可以查看自己的训练计划。单击【查看详情】按钮,可以查看详细的运动数据,包括训练天数、训练时间、消耗的总热量以及勋章成就等。所提供的这些数据都是用户想看到的,如图3-17所示。

图3-17

优化方案:在导航栏的用户界面中添加用户运动数据,包含训练时长、今日步数和卡路里等数据,全面记录用户在健身过程中的变化。

(4)饮食查询特色。

FitTime:没有此功能。

Hi运动:除了提供健身课程,还提供专业、全面的食物数据库,以便用户查询并合理制订膳食计划,如图3-18所示。

第3章 梳理交互设计创意

图3-18

优化方案：在导航栏里添加饮食查询功能。

根据以上的优化方案，用思维导图的形式呈现FitTime的改版方案，如图3-19所示。

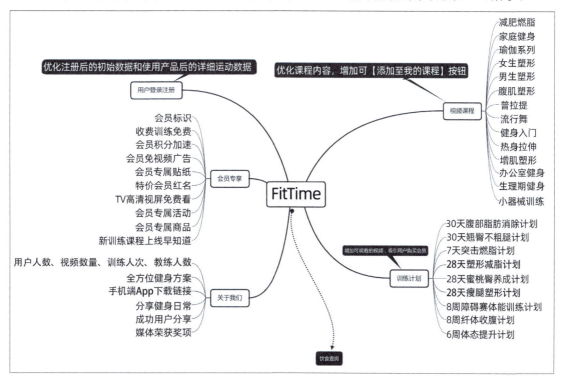

图3-19

以上就是对FitTime及其竞品完整的分析过程，找出问题，最后运用思维导图梳理出FitTime的整体结构，制定改进方案。

3.3.2 用思维导图分析旅游类Web产品结构

随着经济的发展，人们的物质生活水平逐步提高，人们开始热衷于旅游，尤其近几年，旅游人数大规模增长（见图3-20），其中自由行的比例也逐渐增多。基于此，为自由行用户提供旅行路线、旅行方案的Web产品应运而生，如穷游行程助手、马蜂窝自由行等，旨在帮助用户做出合理的旅游消费决策。

下面具体分析在线旅游产品的核心需求和应具备的功能，思考如何吸引用户、提高用户体验，并运用思维导图分析一个用于旅游行程路线规划的Web产品结构。

在线旅游的需求涵盖了旅游前、旅游中到旅游后，如表3-1所示。

图3-20

表3-1

旅游阶段	用户需求
旅游前	① 查看目的地的景点 ② 根据自己的出游时间，规划日程 ③ 看别人的行程和出游评价，供自己参考 ④ 查询景点之间的路线，制订自己的行程路线 ⑤ 预订机票、酒店、门票、火车票等 ⑥ 预订旅游团
旅游中	① 查询景点之间的路线（行程中没有规划或临时有变化） ② 旅行过程中拍照，分享到朋友圈 ③ 查看景区介绍、行程路线等信息 ④ 查找身边旅行的朋友 ⑤ 在游玩过程中遇到问题寻求周边人的帮助 ⑥ 购买出行前没有购买或临时决定的机票、酒店和门票等
旅游后	① 对游玩中的景点、餐馆、酒店和购物店等评价 ② 整理照片，将自己的行程、照片和心得整理成游记分享

不同人群对旅游有不同的需求。旅游的用户大致可分为中小学生、大学生、工薪阶层、"驴友"、商旅人士和老年人几类，他们具体对旅游的需求分析如表3-2所示。

表 3-2

用户类别	用户需求
中小学生	家长通常不会让中小学生独自出游，一般选择亲子游和游学，在寒暑假期间的需求比较强烈
大学生	由于大学生没有稳定的经济收入，但是对旅游也有一定的需求，所以通常对价格比较敏感，对在线旅游有需求且操作熟练
工薪阶层	平时工作比较繁忙，旅游度假可以缓解工作压力，对价格也比较敏感，对在线旅游有需求且操作熟练
"驴友"	"驴友"指专业的旅行人群，他们旅游的频率比较高，多数为自由行且对旅游路线有较强的规划能力，会写游记分享旅游路线和体会。这类用户对价格不一定敏感，对在线旅游有需求且操作熟练
商旅人士	商旅人士一般是因公出行，对价格不敏感，对出行中的舒适性和时间安排的需求比较高，对在线旅游操作很熟悉。但公司会有报销标准，并且可能公司有合作的航空公司和酒店
老年人	老年人大多通过传统旅行社采用跟团游的方式，并且可能多数是由子女代替报名，对在线旅游的需求不强

1．行程规划

对于自助游，在旅行之前做好行程规划尤为重要。行程规划包含了旅行中的具体游玩内容，一个详尽的行程规划能确保旅行的品质。提前规划好旅游行程可以避免在出游过程中手忙脚乱。如果是同城旅游，则不需要制订详尽的行程规划，只需简单地查下路线，计划好时间，带好需要的东西即可，因此行程规划主要针对中长途的国内自助游，或者是出境自助游。自助游主要的用户群有大学生、"驴友"和工薪阶层。

一个行程规划的软件可以分为以下3种方式。

（1）纯人工：路线规划都是自己制订的，软件只是一个行程管理工具。

（2）半智能：大体上是用户自己制订旅行计划，部分行程既可以选择人工添加，也可以选择系统添加，还可以购买旅行中需要的产品。

（3）全智能：可以根据用户的需求智能生成行程规划，同时可以直接购买旅行中所需要的产品，还可以根据实时行程按照用户需求进行行程的智能更改。

2．竞品分析

现在市面上已经有很多的行程规划Web产品，下面对穷游行程助手和马蜂窝旅游网进行对比分析。

穷游行程助手与平时制订旅行计划的思路一致，先确定出行日期、旅行的城市、游玩总时间，有了总的框架之后，然后在框架中填充旅行中的游玩内容，包括景点、路线、美食、住宿等。这样的设计使用户很容易上手，用户可以快速适应操作流程，对于景点比较熟悉的用户，制订计划会更快。如果用户对景点不熟悉，穷游行程助手还提供了他人的旅行攻略，按照浏览次数和复制次数检索，可快速找出符合个人喜好的优质行程规划，然后一键添加到用户的行程中，如图3-21所示。考虑到行程中有网络或没有网络的问题，还可以单击【复制行程】按钮，将行程一键导出，方便查看。

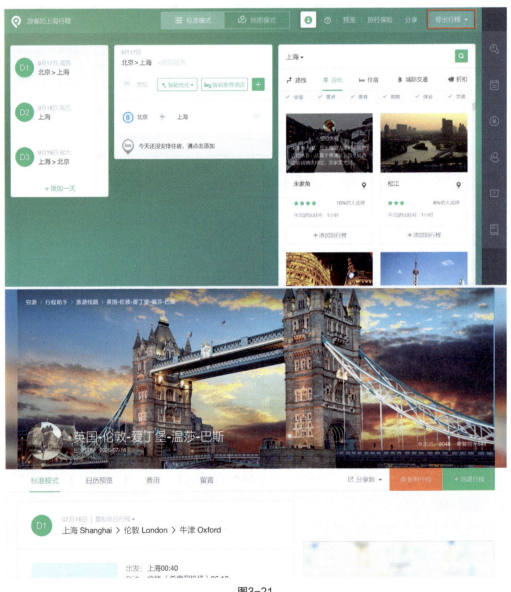

图3-21

马蜂窝旅游网从出游前通过参考别人的攻略，然后到制订计划，购买相应的旅游产品，包括机票、酒店等其他服务，最后到发布游记，打造了一站式旅游服务的闭环。在马蜂窝旅游网制订计划时，可通过自身需求快速匹配出合适的天数、目的地、主题路线以及大概的费用，有多个产品可供选择，并附有对应的价格，同时可以根据用户的点评筛选出优质的自助游产品，帮助用户快速制订一个行程计划，如图3-22所示。

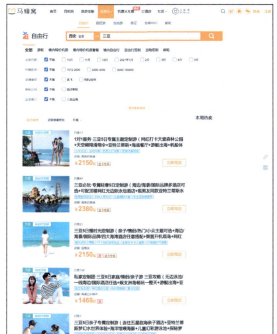

图3-22

综上分析可知，旅游产品的功能大致分为两类，一类是行程记录工具，另一类是提供智能的行程规划。通过确定用户的出游时间、目的地以及住宿、餐厅等喜好，提供合适的旅游行程。所以在旅游产品中可以提供热门景点、餐厅选择、交通工具来减少用户查询信息的时间。

一个好的旅游产品，为用户提供了旅游前的行程规划之后，还应该做好闭环。根据用户的需求，为用户匹配相似度最高的游记，帮助用户做出合理的选择，以免行程计划不尽人意。

添加分享游记的功能，通过分享旅行经验，获得成就感。同时，用户之间可以交友分享，提高用户的活跃度和留存度。

根据上述的分析，制定出旅游产品的框架结构，如图3-23所示。

数字媒体交互设计（初级）——Web产品交互设计方法与案例

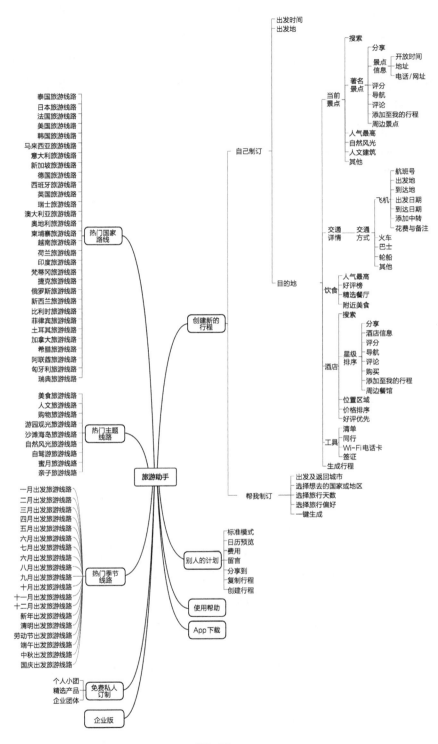

图3-23

054

3.4 同步强化模拟题

一、单选题

1. 以下选项中,不属于思维导图的构成要素的是（   ）。

   A. 中心主题　　　　　　　　　　B. 思路与灵感

   C. 分支主题　　　　　　　　　　D. 关键词

2. 以下选项中,不属于概括线的是（   ）。

   A. 小括号　　　　　　　　　　　B. 中括号

   C. 外框　　　　　　　　　　　　D. 大括号

3. 以下关于关联线的描述中,错误的是（   ）。

   A. 关系线用于连接两个主题,建立某种关联

   B. 连接线是连接不同分支主题之间的线,通过不同的颜色可以体现各层级之间的关系

   C. 外框主要是用于强调框里的内容

   D. 关键词就是起到对内容概括总结的作用

4. 以下关于思维导图的绘制描述中,错误的是（   ）。

   A. 从白纸的两端开始绘制,在绘制中心主题的时候可以使用与主题相关的配图

   B. 从纸张的右上方开始,用自然弯曲的线将中心主题和主要分支连接起来,然后把主要分支和二级分支连接起来

   C. 在每条分支线上使用一个简洁、概括的关键词

   D. 不同的分支使用不同的颜色

二、多选题

1. 以下属于关联线的是（   ）。

   A. 连接线　　　　　　　　　　　B. 关系线

   C. 外框　　　　　　　　　　　　D. 概括线

2. 利用XMind的【格式】工具,可以实现对文字的哪些编辑操作？（   ）

   A. 字体　　　　　　　　　　　　B. 字号

   C. 字体颜色　　　　　　　　　　D. 文字对齐方式

3. 一个行程规划的软件可以分为（   ）3种方式。

   A. 纯人工　　　　　　　　　　　B. 自助游

   C. 半智能　　　　　　　　　　　D. 全智能

三、判断题

1. 中心主题就是思维导图的主题思想和核心内容,一张思维导图可以有多个中心主题,整个思维导图都是围绕中心主题展开的。( )

2. 分支主题可分为一级分支、二级分支、三级分支、四级分支等级别。一级分支主题的重要性高于二级分支主题、三级分支主题。( )

3. 关系线是连接不同分支主题之间的线,通过不同的颜色可以体现各层级之间的关系。( )

作业:用思维导图分析Web产品

选择两款同类型的Web产品,如京东和淘宝,用思维导图分析二者的产品结构,并对比差异,分析优势和劣势。

核心知识点: 思维导图的绘制方法、XMind的使用方法、竞品分析方法。
尺寸: 自定。
颜色模式: RGB色彩模式。
分辨率: 72PPI[①]。

作业要求
(1)Web产品可以自选。
(2)思维导图的层级结构要清晰。
(3)文字表达要准确、简练。

---

① PPI:像素密度(Pixels Per Inch,PPI)是屏幕分辨率单位,表示每英寸所拥有的像素数量。

第 4 章

制作Web产品流程图

在绘制原型图之前,将用户操作和页面跳转的流程用流程图的形式表现出来,可以避免反复修改原型图,达到事半功倍的效果。

本章主要介绍流程图的概念、构成和绘制方法,并通过使用Visio工具绘制电商购物流程图案例,帮助读者快速掌握Web产品流程图的绘制方法。

4.1 认识流程图

在Web产品设计的过程中,无论是产品经理、交互设计师还是开发人员,都会接触到各种类型的流程图,如何绘制清晰、简洁的流程图是本节的主要学习任务。

4.1.1 什么是流程图

流程图是指通过使用不同的图形符号,将头脑中的逻辑关系以图形化的形式呈现出来,如图4-1所示。

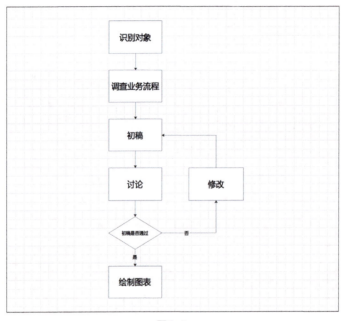

图4-1

流程图的可视化表达,易于理解,便于梳理步骤之间的逻辑关系。如果有一张清晰的流程图,产品经理在开评审会时,不仅便于讲解,也便于其他人的理解;在设计过程中,如果交互设计师忘记了某个流程,还可以对照查看,避免缺漏。一个产品在迭代更新时,也可以利用流程图做记录,通过对比每个版本的流程图,可以知道产品在哪些地方进行了优化。

4.1.2 流程图的构成

流程图的基本构成元素是一个个的图形符号,每个图形符号都有着特定的含义,如表4-1所示。只有牢记这些图形符号的含义,才能正确地绘制流程图。

表4-1

图形符号	名称	含义
	开始或结束	表示流程图的开始或结束
	流程	表示某个具体的步骤或操作
	判断	表示条件标准,用于决策、审核和判断
	文档	表示输入或输出的文件
	子流程	表示决定下一步骤的一个子流程
	数据	表示数据的输入或输出
	接口	表示流程图之间的接口
	流程线	表示流程的方向与顺序

在Web产品设计中,流程图主要分为3类,分别是业务流程图、任务流程图和页面流程图。

1. 业务流程图

业务流程图体现的是对业务的梳理和总结,有助于产品经理或设计师了解业务流程,并及时发现流程的不合理之处,以进行优化改进,如图4-2所示。注意,业务流程图不涉及具体的操作和执行细节。

2. 任务流程图

任务流程图是用户在执行某个具体任务时的操作流程,如图4-3所示。相较而言,产品经理使用任务流程图会更多一些。

3. 页面流程图

页面流程图主要体现的是页面元素与页面之间的逻辑跳转关系,如图4-4所示。因而设计师多通过页面流程图来梳理Web产品的功能逻辑和交互逻辑。

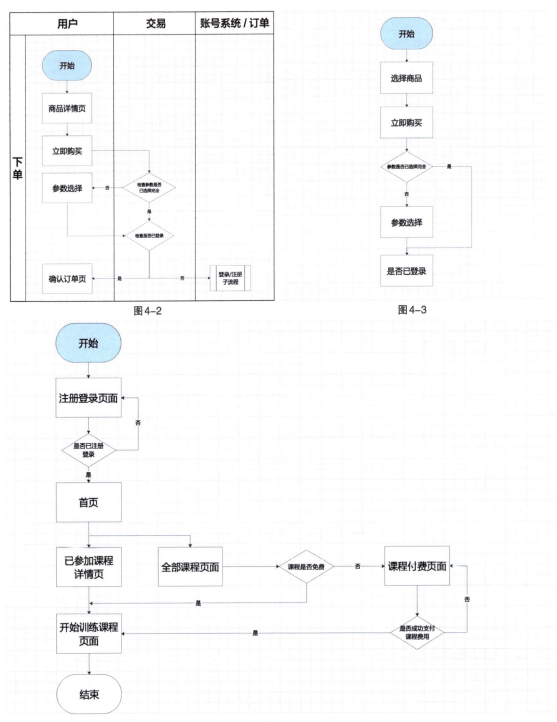

图4-2

图4-3

图4-4

4.1.3 绘制流程图的步骤

在开始绘制流程图之前,需要先了解流程图的结构。流程图有3种基本结构,分别是顺序结构、选择结构和循环结构。

(1)顺序结构。这种结构比较简单,各个步骤之间是按先后顺序执行的,即完成上一个步骤中指定的任务才能进行下一步操作,如图4-5所示。

(2)选择结构。选择结构又称为分支结构,用于判断给定的条件,根据判断结果得出控制程序的流程,如图4-6所示。

(3)循环结构。循环结构又称为重复结构,在程序中需要反复执行某个功能而设置的一种程序结构。循环结构又细分为两种形式,一种是先判断后执行的循环结构(又称当型结构),另一种是先执行后判断的循环结构(又称直到型结构),如图4-7所示。

图4-5

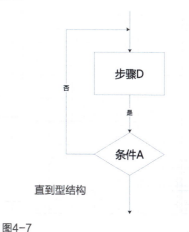

图4-6　　　　　　　图4-7

绘制流程图的基本步骤如下。

(1)调查研究。根据业务人员的讲解得到业务流程图的相关信息,然后通过实地观察用户的操作,或者自己根据业务流程图操作一遍产品,或者通过使用竞品得到任务流程图的相关信息。再根据产品会议得到的思维导图收集页面流程图的相关信息。

(2)梳理提炼。将上一步得到的信息梳理提炼出来,绘制主要的流程,然后填补异常流程。可以先在纸上绘制,这样绘制的速度会比较快。

(3)使用流程图绘制工具绘制。选择一款自己熟悉的流程图绘制工具绘制流程图。为了提高流程图的逻辑性,在使用流程图绘制工具绘制流程图时,应遵循从左到右、从上到下的顺序绘制。一个流程图从开始符号开始,以结束符号结束。开始符号只能出现一次,结束符号可以出现多次。若流程图足够清晰，结束符号可以省略。

注意：同一流程图内，图形符号的大小需要保持一致。连接线不能交叉，也不能无故弯曲。如果内容属于并行关系，则需要放置在同一水平高度。处理流程要以单一入口和单一出口绘制，同一路径的流程线（也称指示箭头）应该只有一个。

4.2 流程图绘制工具Visio

Visio是微软公司推出的一款专业化流程图绘制辅助工具，能够帮助用户轻松直观地绘制各种流程图。

4.2.1 Visio的基本使用方法

扫码看视频

掌握了绘制流程图的基本规范后，下面使用Visio来实践一下绘制流程图的基本方法。

（1）打开Visio软件后，可以看到主界面中有各种模板，用户可以根据自己的需求选择相应的模板进行套用，也可以直接单击【基本框图】，开始绘制流程图，如图4-8所示。

（2）流程图一般由箭头、矩形、菱形等图形组成，故在【形状】任务窗格中选择【基本形状】，也可以利用搜索形状功能，在搜索框中输入关键词搜索需要的形状，如图4-9所示。例如，如果需要圆形，则在搜索框中输入【圆形】，按【Enter】键即可搜索出相应的图形。

图4-8

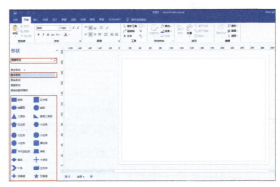

图4-9

（3）在左侧的形状列表中选择图形，这里选择【圆角矩形】，然后按住鼠标左键将其拖曳到画布中，如图4-10所示。

（4）单击画布中的圆角矩形，在圆角矩形的四周会出现用于调整其形状、大小的控制点，分别拖曳圆角矩形4个角上的控制点，可以调整圆角矩形的圆角半径，如图4-11所示。

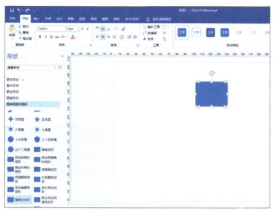
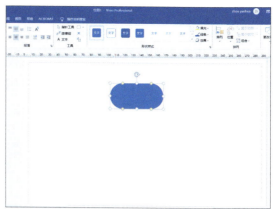

图4-10　　　　　　　　　　　　　图4-11

（5）双击圆角矩形，输入文字【开始】。选中文字，然后在属性栏中设置其字体和字号，效果如图4-12所示。

（6）使用同样的方法，在画布中绘制其他图形。

（7）在属性栏中单击【连接线】按钮，然后在图形之间拖曳鼠标指针即可绘制连接线，如图4-13所示。

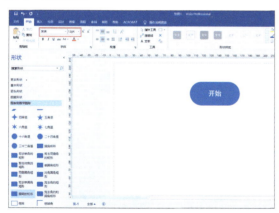
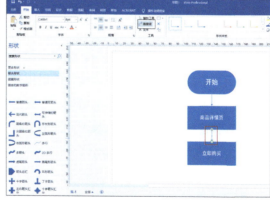

图4-12　　　　　　　　　　　　　图4-13

4.2.2　制作电商购物的流程图

扫码看视频

随着各大电商企业不断引入新技术，打造自己的生态圈，使得原本简单的购物流程变得越来越"复杂"。当然，这里的"复杂"是相对电商企业而言的，对于用户来说，购物只会更加便捷和畅快。

选择商品、添加到购物车、确认订单，这是基本的购物流程。下面就据此介绍绘制流程图的方法。

1. 选择商品

打开购物网站后，第一步操作就是选择商品。进入到商品页面后，首先看到的是商品信息。商品图下面是售价，原价是多少，打折以后是多少，如图4-14所示。向下浏览页面，会看到优惠信息，用户可以选择合适的优惠方式，如图4-15所示。如果商品有货，可以选择商品的规格和数量，如图4-16所示；如果商品没货，可以进行缺货登记。

图4-14

图4-15

图4-16

根据以上描述，绘制流程图。注意，对于商品有货和无货的处理情况，用户需要判断后再进行操作，所以要使用表示判断的图形符号——菱形。此外，可在其连接线上双击插入表示判断的文字（如"是"或"否"），如图4-17所示。

2. 添加到购物车

用户选好商品后，将其添加到购物车中，就进入了【购物车】页面。经常网购的用户都知道电商对于免运费都有一定的订单金额要求，如果没有达到免运费标准，会提醒用户凑单，如图4-18所示。如果用户没有在商品页中领取优惠券，在购物车页面中，用户仍然可以单击【优惠券】链接，在弹出的【优惠券】页面进行领取，如图4-19所示。

可见，在这一环节用户会根据商品情况选择优惠方式，如果没有优惠，则直接进入结算页面，生成购物订单。所绘制的流程图如图4-20所示。

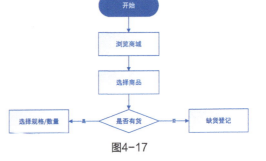

图4-17

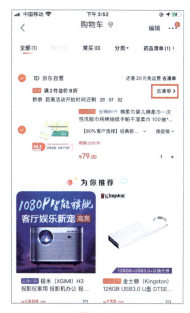

图4-18

图4-19

3. 确认订单

在确认订单页面，用户需要设置配送地址、支付方式、发票等信息，如图4-21所示。付款成功后，接下来则是物流信息，如商品正在出库、商品已出库、等待收货等。所以电商购物流程图绘制到此处即可，如图4-22所示。

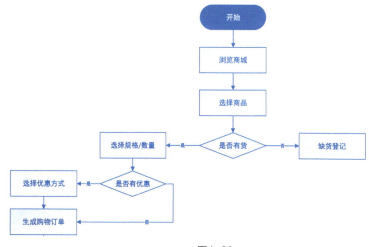

图4-20

图4-21

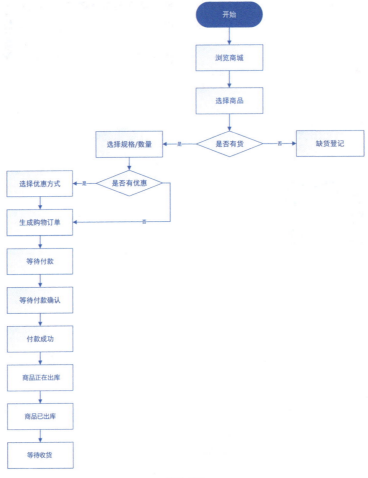

图4-22

4.3 用流程图分析Web产品

本节以英语四六级免费课程报名的页面流程图为例,拆解课程报名的逻辑架构,进而对课程分类和页面流程进行优化。

4.3.1 制作流程图

按照实际操作,体验英语四六级免费课程的报名流程,根据图4-23所示的网页截图,绘制用户报名流程图,如图4-24所示。

第4章 制作Web产品流程图

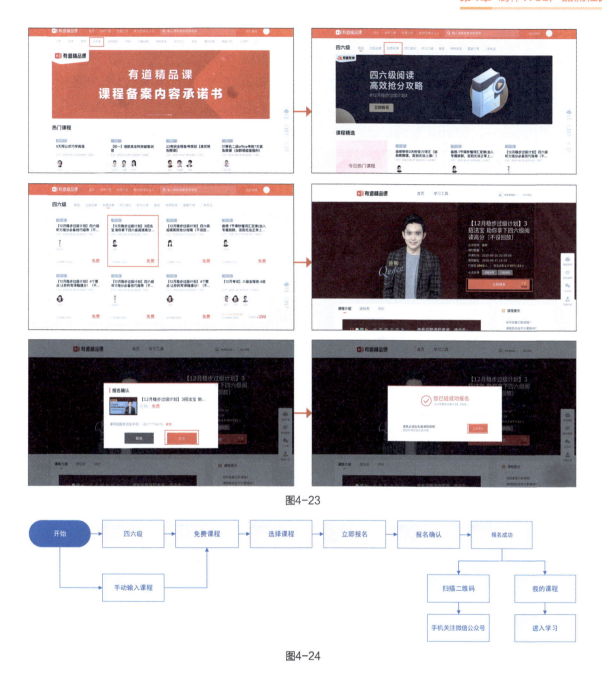

图4-23

图4-24

4.3.2 分析流程图

本节以报名英语四六级免费课程为例，绘制流程图，分析网页可优化的地方。

（1）首先网站首页有热门课程推荐，在用户不知道报什么科目的情况下，帮助用户快速找到想要的课程。

（2）在二级导航栏中可以找到四六级，如果没有看到，也可以通过搜索框进行搜索，如图4-25所示。但在搜索到的课程中，免费课程与付费课程夹杂在一起，付费课程没有按价格排序。建议课程板块中免费课程和付费课程要界限分明，不要互相夹杂，并且付费课程可以按价格高低进行排序，方便用户根据自己的需求和消费能力快速找到想要报名的课程。

图4-25

（3）报名成功后，进入【我的课程】即可开始学习，但【我的课程】中只有【全部课程】【付费课程】【免费课程】和【过期课程】4个选项，如图4-26所示。没有根据课程类别汇总整理，用户只能根据记忆回想某一课程是付费课程还是免费课程。如果想不起来，则只能在全部课程中一个一个地寻找，这样会降低用户的体验。建议在【我的课程】中增设课程分类，方便用户查找课程。

图4-26

4.4 同步强化模拟题

一、单选题

1. 以下选项中，不属于流程图的基本结构的是（ ）。
   A. 顺序结构   B. 选择结构
   C. 循环结构   D. 迭代结构
2. 绘制流程图的正确顺序是（ ）。
   A. 调查研究、梳理提炼、使用流程图绘制工具绘制
   B. 调查研究、使用流程图绘制工具绘制、梳理提炼
   C. 梳理提炼、调查研究、使用流程图绘制工具绘制
   D. 梳理提炼、使用流程图绘制工具绘制、调查研究
3. Visio 是（ ）公司推出的一款专业化流程图绘制辅助工具。
   A. Adobe公司   B. 微软公司
   C. IBM公司   D. 甲骨文公司
4. （ ）又被称为重复结构，在程序中需要反复执行某个功能而设置的一种程序结构。
   A. 顺序结构   B. 选择结构
   C. 循环结构   D. 分支结构

二、多选题

1. 在互联网产品设计中，流程图主要分为以下哪3类？（ ）
   A. 业务流程图   B. 任务流程图
   C. 页面流程图   D. 程序流程图
2. 以下关于流程图绘制方法的描述正确的是（ ）。
   A. 为了提高流程图的逻辑性，在绘制流程图时，应遵循从左到右、从上到下的顺序绘制
   B. 同一流程图内，图形符号的大小需要保持一致。连接线可以交叉，也可以弯曲
   C. 一个流程图从开始符号开始，以结束符号结束。开始符号和结束符号都只能出现一次
   D. 处理流程要以单一入口和单一出口绘制，同一路径的指示箭头应该只有一个
3. 以下关于流程图的结构规范的描述正确的是（ ）。
   A. 先判断后执行的循环结构称为当型结构
   B. 顺序结构指各个步骤是按先后顺序执行的，即完成上一个步骤中指定的任务才能进行下一步操作

C. 选择结构又称为分支结构，用于判断给定的条件，根据判断结构得出控制程序的流程

D. 循环结构又称为重复结构，在程序中需要反复执行某个功能而设置的一种程序结构

三、判断题

1. 任务流程图是用户在执行某个具体任务时的操作流程。（　　）
2. 页面流程图主要体现的是页面元素与页面之间的逻辑跳转关系。（　　）
3. 循环结构细分为两种形式，一种是先判断后执行的循环结构（又称直到型结构），另一种是先执行后判断的循环结构（又称当型结构）。（　　）

作业：制作电商退换货流程图

选择一个电商网站，通过实际操作了解该网站的退换货流程，从而绘制出用户操作流程图。

作业要求

（1）使用Visio绘制流程图。
（2）流程图符号符合规范要求。
（3）作业提交PDF格式文件。

第 5 章
Web产品交互原型设计

在原型设计过程中,需要先收集用户信息;绘制原型草图;经过产品交互的演示与评价后,再进行原型图的设计;在原型图的基础上制作交互稿。本章主要介绍交互原型设计的过程和要点,并通过一个实例讲解如何使用Axure制作原型图。

5.1 认识原型设计

原型设计是交互设计师、产品设计师与产品经理对产品框架的直观展示。在Web产品设计前期，尤其在开发团队对产品基本功能的研发工作当中，原型图是产品开发过程中高效的交流方式之一。

1. 什么是原型图和线框图

原型图作为原型设计的主要呈现方式之一，通过中保真和高保真的呈现效果，将产品的内容、布局、功能和交互方式展示出来。原型图主要用于产品可用性测试与后续内容的开发。

线框图用于表达产品的结构与布局，由简单的线段框架和灰色色块组成。原型图与线框图之间的差异在于线框图常应用于开发团队内部，大多出现在头脑风暴的会议当中，有助于设计师快速形成产品的大致框架。原型图则是动态且可交互的，界面间的跳转可以更加准确、直观地展示产品的交互逻辑。

2. 原型图设计的目的

原型图设计的目的是将产品理念和功能变成初步的产品交互模型。产品的服务与功能通过原型图快速地演绎出来，既可节省开发成本，又能更好地解决识别问题，并且在解释交互功能的同时，降低产品开发出现的错误率，从而有效减轻产品测试后修改和优化的工作压力。

5.2 绘制Web产品原型图的基本流程

在绘制Web产品原型图时，需要明确用户需求，理清工作流程。标准的工作流程能够使设计工作更高效。绘制Web产品原型图的基本流程如图5-1所示。

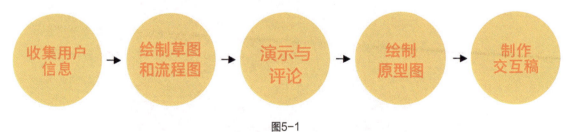

图5-1

5.2.1 收集用户信息

在Web产品设计初期,用户信息的收集与分析可为产品的用户定位与功能定位提供依据。

(1)收集用户信息。根据产品功能所对应的使用人群收集用户信息,对用户的年龄、性别、爱好、特征和使用产品的场景进行分析。常用的收集用户信息的方式有问卷调查、面对面访谈和大数据分析等。最终根据收集到的用户信息模拟出用户画像,如图5-2所示。

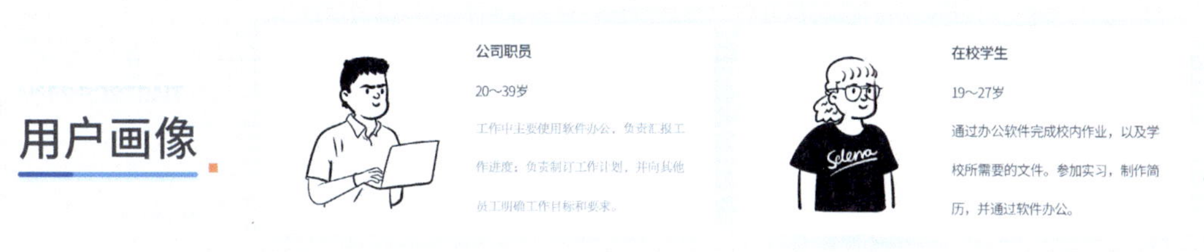

图5-2

(2)分析用户特点。根据调研数据,总结用户的使用频率、功能要求、需求目标等特点,在产品研发过程中明确产品的用户定位。

(3)提取关键词。将用户的特点进行标签化分类,提取相应的关键词,作为产品功能定位的基础要素。

在设计初期,针对用户信息的调查研究必不可少,将用户需求融入Web产品设计中,可以更好地规划产品的发展途径与未来方向。产品与服务能够为用户带来良好的使用体验,满足用户对产品功能的需求是产品更新发展的持续动力。

5.2.2 绘制草图和流程图

根据用户信息关键词,绘制原型草图与流程图。

草图可以用笔在本子上随意绘制,不需要严格的线条与尺寸,更不需要考虑美观的因素,表达想法才是关键所在。草图常用于团队头脑风暴的会议当中。草图要表达的信息包括大致的模块位置、基本的功能、简单的交互逻辑等。

为了展示产品的操作流程与功能逻辑关系,还需绘制界面操作流程图,如图5-3所示。

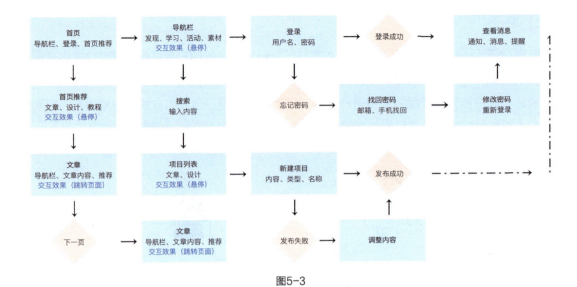

图5-3

草图和流程图绘制完成后，在团队讨论过程中，向团队成员演示产品功能模块的操作与交互逻辑，通过团队成员的分析评论，调整细节，查漏补缺，进而明确原型图的设计方向，为实际的Web产品设计工作做好前期的规划。

5.2.3 绘制原型图

明确了Web产品的用户定位与功能定位后，就可以绘制原型图了。绘制原型图的一般步骤如下。

（1）选择工具。常用的原型图绘制工具有Axure、Sketch、Mockplus、墨刀、PowerPoint等。工具的选择并没有严格的规定，设计师可以根据自己的喜好以及对软件的熟练程度进行选择。使用何种工具进行绘制并不重要，重要的是产品的功能、元素、排版、布局以及逻辑关系的合理安排。

（2）明确逻辑。完成用户信息收集、Web产品的功能演示和评论后，需要将之前所做的工作整合起来，从整理好的信息中提取关键词，并根据关键词设计原型图。注意梳理层级关系，突出重点模块，控制好页面设计中的视觉导流。通过版式设计，帮助用户快速理解Web产品的交互逻辑，减少用户的时间成本。

（3）合理交互。为了让开发团队快速理解Web产品的功能，不仅需要清晰严谨的流程图，还需要完整的原型图，用于展示不同界面之间的交互关系。原型图能够使界面之间的切换和跳转保持合理性，可有效地表达完整的功能，保证交互效果的顺畅。绘制好的原型图如图5-4所示。

第5章 Web产品交互原型设计

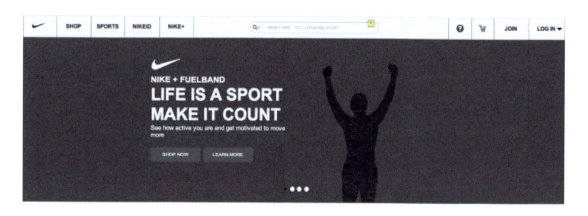

图5-4

5.2.4 制作交互稿

交互稿是在原型图的基础上制作的，在网页的交互效果与操作功能的设定中融入用户的心理需求。制作好原型图后，还需要明确产品的功能并展示给后续的开发、设计和测试的工作人员，因而对交互稿内容的逻辑有着更高要求。

交互稿需要呈现的信息如下。

（1）明确的功能点，即明确页面组成中的所有元素和功能。

（2）操作点的各个状态，包括用户点击、未点击、不能点击等状态，需要在交互稿中完整地展示。

（3）完整的界面操作流程。详细、完整的界面操作流程，应含有全部产品页面与交互功能，以及错误页面、断网页面和空状态页面等异常情况。

交互稿的制作原则如下。

（1）标准规范。

（2）模拟真实。

（3）方便可读。

（4）逻辑严谨。

制作好的交互稿效果如图5-5所示。

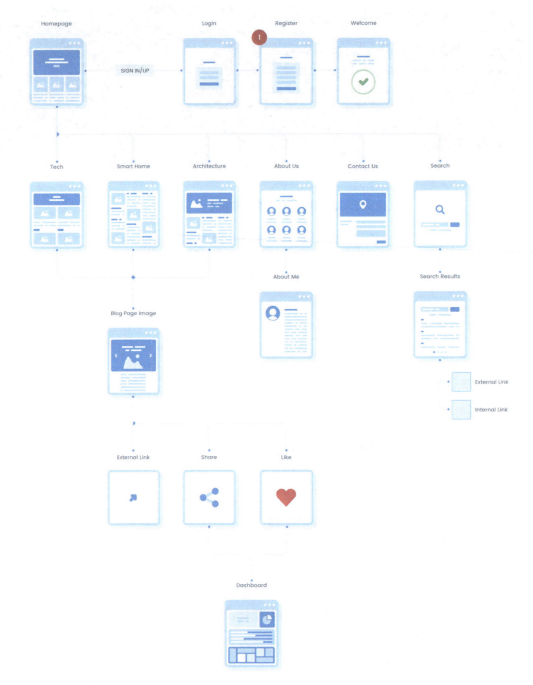

图5-5

5.2.5 可用性测试

原型图制作好后,需要进行可用性测试。可用性测试的内容包括Web产品的视觉是否合理,交互逻辑是否顺畅以及操作是否完整等。由于设计人员对原型图已经十分熟悉,无法实现客观的判断,因此需要其他人员进行测试。

可用性测试的主要测试流程为制定测试方案、预测试、用户邀请和数据分析等。其中制定测试方案主要根据Web产品的有效性、流畅性、交互性和容错性等特性进行。预测试则是开发人员的简单测试。用户邀请是根据产品功能,通过邀请不同属性的用户对产品进行体验与反馈。根据用户反馈进行数据分析并制作数据报告,再根据数据报告对产品进行调整与优化。

5.3 认识Axure

Axure全称为Axure Rapid Prototyping,由美国的Axure Software Solution公司研发,是一款专业制作原型图的设计工具,在原型图制作与可用性测试中被广泛使用。其便捷的操作界面和强大的交互演示功能可为设计师节省大量的设计时间,在产品的功能表达与测试推广方面也表现卓著。

Axure常用于Web产品与App产品设计中,其拥有广泛的用户群体。在实际操作中,Axure更加注重原型图设计中的整体意识,对界面间的结构化处理也十分出色。新增加的绘图功能,对比其他同类型的软件更具有竞争力。交互的预览模式是通过生成HTML页面来进行一些交互操作的展示,这一点也在Web产品设计中被广泛应用。Axure RP9的欢迎界面如图5-6所示。

图5-6

5.3.1 Axure 的基本使用方法

扫码看视频

启动 Axure RP9 软件后，首先进入操作界面，整个操作界面由标题栏、菜单栏、工具栏、工作面板、【页面】面板、【概要】面板、【元件】面板、【母版】面板、【样式】面板、【交互】面板、【说明】面板等模块组成，如图 5-7 所示。

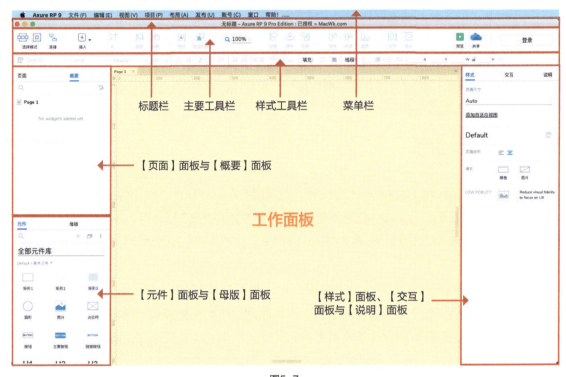

图 5-7

1. 标题栏

Axure 的标题栏位于整个界面的顶部，显示当前文件的名称信息。

2. 菜单栏

菜单栏在标题栏的上方，【文件】菜单中的存储功能、导出功能、自动备份功能在 Web 产品设计中较为常用。其中，通过导出功能可以以图片的格式快速导出某一页面的原型图；开启自动备份功能，可以降低因误操作、断电等导致文件丢失的风险。

利用【视图】菜单，可以调整界面中各个模块的显示情况。如果不小心关闭了某一模块，可以在【视图】菜单中找到并选择该模块，或者选择【重置视图】命令，重新显示该模块，如图 5-8 所示。

图 5-8

利用【项目】菜单，可以编辑元件与界面的样式。这一功能与文本的样式功能类似，有利于较多界面中文字与元件的样式的统一调整。

【发布】菜单是以HTML页面的形式预览制作好的原型图，也可以生成HTML文件或Word说明书。

利用【账号】菜单可以对账户信息进行设置。

利用【帮助】菜单可以与Axure官网相链接，官网上提供诸如学习软件技能、浏览相关论坛、检查软件更新等一些辅助功能。

3. 工具栏

工具栏位于标题栏的下方，包括主要工具栏和样式工具栏，如图5-9所示。主要工具栏中是绘制元件时经常使用的工具。右键单击主要工具栏的空白处，可以调整工具栏中的工具。用户可以根据自己的需要调整工具的位置，添加或删除工具，还可以选择显示或隐藏样式工具栏。样式工具栏中主要是文字、线段、颜色、填充、位置等工具。

图5-9

选择图形等内容后，可以对内容进行剪切、复制和粘贴等操作，对应的快捷键分别是<Ctrl>+<X>、<Ctrl>+<C>和<Ctrl>+<V>。

【选择模式】中包含【相交选中】和【包含选中】两种模式，对应的快捷键分别是<Ctrl>+<Alt>+<1>和<Ctrl>+<Alt>+<2>。

【连接】工具用于在图形或页面间绘制连接线，快捷键是<E>。

【插入】工具用于快速插入图形、线条和文本。单击【插入】工具图标右侧的下拉按钮，在弹出的列表中可以选择相应的图形工具或文本工具。其中，【绘画】工具的快捷键是<P>，【矩形】工具的快捷键是<R>，【圆形】工具的快捷键是<O>，【线段】工具的快捷键是<L>，【文本】工具**T**的快捷键是<T>。

【点】工具用于调整文件中的某个点，快捷键是<Ctrl>+<Alt>+<P>。

【顶层】工具与【底层】工具用于调整图形或组件的叠放顺序。其中，上移一层的快捷键是<Ctrl>+<]>，下移一层的快捷键是<Ctrl>+<[>，置于顶层的快捷键是<Ctrl>+<Shift>+<]>，置于底层的快捷键是<Ctrl>+<Shift>+<[>。

【组合】工具用于将需要共同移动或同类型的元件进行编组，快捷键是<Ctrl>+<G>。【取消组合】工具用于取消编组，其快捷键是<Ctrl>+<Shift>+<G>。

【显示】工具用于调整工作面板的显示比例。

对齐方式有【左侧】、【居中】、【右侧】、【顶部】、【中部】、【底部】6种，3个或3个以上的元件和图形之间的对齐方式还可以选择【水平】或【垂直】。【水平】的快捷键是<Ctrl>+<Shift>+<H>，【垂直】的快捷键是<Ctrl>+<Shift>+<U>。

工具栏的最右侧是【预览】、【共享】和【登录】按钮，分别用于在网页中预览设计作品，将设计作品上传Axure云平台，以及登录Axure账号。

4. 工作面板

工作面板就是绘制原型图与元件的工作区，主要的图形与元件的操作都在这里进行。

5.【页面】面板与【概要】面板

【页面】面板用于新建文件与页面。在页面名称上单击鼠标右键，可以对页面重新命名。如果页面过多，也可以通过搜索功能进行搜索。【概要】面板相当于Photoshop软件中的【图层】面板，方便对各个元件进行查找与调整，如图5-10所示。

6.【元件】面板与【母版】面板

【元件】面板用于从元件库中快速选用软件自带的元件，也可以将做好的元件导入到元件库，如图5-11所示。在【元件】面板中，能够控制和查看原型图中相同元件的使用情况，也可以通过元件名称快速查找元件。【母版】面板用于创建基本元件的母版，也可以导入外部母版。

图5-10

图5-11

7.【样式】面板、【交互】面板与【说明】面板

相较于样式工具栏，【样式】面板中的功能更为丰富。【交互】面板用于制作交互效果，包括样式交互与事件交互，如图5-12所示。【说明】面板主要用于为元件添加注释。

图5-12

5.3.2 健身类网页设计原型图

在信息社会飞速发展的当下，在忙碌的工作之余，年轻人为拥有健康的身体，一般会选择通过互联网平台搜索健身课程进行学习、锻炼。本次项目的目标用户是海外用户，所以设计的网站为英文网站。本项目的重点是对健身网站进行优化设计，吸引用户驻足停留，进而点击网站内的课程。网页的背景风格如图5-13所示。

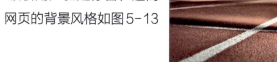

图5-13

1. 设计分析

（1）明确网页风格。

运动健身网站的设计风格，应该是以力量、运动、健康为主题。浏览优秀的设计作品，总结设计方法，收集图片元素与信息。网页的版式布局以图片为主体、文字为辅助元素进行设计，构建运动健康的气氛，促使用户完成其他操作。

（2）分析产品用户。

根据设计背景进行用户分析。网站的用户年龄集中在20~39岁，经常使用互联网产品，并且对身体健康、健身锻炼和减肥美体较为关注的人群。相对于选择线下健身房和户外运动，用户选择线上健身学习教程会受经济因素、时间因素、个性因素、环境因素等影响。用户浏览健身网站的目的包括学习健身技巧、增强身体素质、瘦身美体、调节身体状态等。根据以上信息，分析并制作用户画像，如图5-14所示。

图5-14

（3）分析总结。

根据以上分析，针对20~39岁的年轻用户，选择男性健身主题为设计风格。网站页面以图片为主体、文字为辅助元素。网站主要目标是引导用户继续操作，进而在网站中学习健身课程的内容。

2. 软件操作

（1）启动Axure RP9软件后，在【样式】面板中选择页面尺寸，这里选择【Web】，宽度设置为【1024】，如图5-15所示。

图5-15

（2）打开【元件】面板，在元件库中选择【图片】元件，按住鼠标左键将【图片】元件拖曳至工作面板并放置在页面的左上角。在【样式】面板中，将【图片】元件的宽度（W）设置为1024，高度（H）设置为503，按【Enter】键完成图片尺寸的调整。双击【图片】元件，插入图片，在【样式】面板中将图片命名为【主图】，效果如图5-16所示。

（3）从元件库中拖曳图片元件。将素材库中的Logo图片置入，调整合适大小后放置在页面的左上角。在元件库中选择【链接按钮】元件，为网页添加导航按钮文字，设置字体为【Arial】，字号为14，字体颜色为白色。按照同样的方法，制作其他导航按钮。每一个按钮的文字在素材文档中都有提供，可以直接复制、粘贴使用。将5个导航按钮的文字调整好后，再调整Logo与导航按钮文字的位置，使它们在高度上保持一致。

图5-16

（4）在元件库中选择【一级标题】元件，拖曳至工作面板，放置在主图中心，将文字修改为【BUILD THE HEALTHY BODY】，字体修改为【Arial】，字重修改为【Bold】，字号修改为40，字体颜色修改为白色，将字体位置调整至主图正中间偏上位置，将文字命名为【主标题】。在【主标题】下方，将文字修改为【LET'S TAKE ON THE CHALLENGE TOGETHER】，字号修改为18，字体颜色修改为白色，将文字命名为【副标题】。

（5）为页面添加点击按钮。在元件库中选择【矩形2】元件，拖曳至副标题下方。将矩形的填充颜色改为橘黄色，圆角数值调整为40。双击该矩形，添加文字【JOIN NOW】。单击【预览】按钮，查看网页设计效果，如图5-17所示。

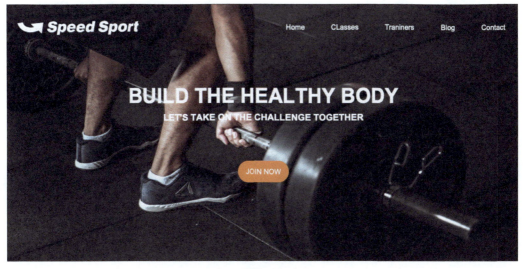

图5-17

（6）主图制作完成后，在主图的下方增加可点击的元件，制作3个课程模块，使用户在浏览过程中了解网站的课程情况，吸引用户点击。在课程模块中，加入介绍内容。选择【二级标题】元件，将文字修改为素材中提供的文字，直接复制、粘贴使用即可。将主标题的文字大小调整为21，副标题的文字大小调整为16，主副标题左侧对齐。添加3个课程模块的文字内容后，调整对齐。

（7）为课程模块添加购买按钮，同时在购买按钮中标出课程价格。将【矩形2】元件拖曳至第一个课程模块内并放置在左下方，添加素材文字，调整圆角数值为40。以相同的方式在其他课程模块的左下角添加文字与价格标签。

（8）在网站原型图的下方，增加与健身相关的文字装饰，用以丰富网页内容。可以添加标题级别的元件，输入文字内容，添加竖线和圆点装饰，再调整各元素之间的位置。

（9）用鼠标右键单击主标题，添加交互样式，选择【文字阴影】，将阴影颜色调整为黑色，将（X）数值修改为5，（Y）数值修改为3。按照同样的方法调整副标题，这样在预览中，将鼠标指针悬停在主标题与副标题位置时，字体会出现阴影效果。

单击【预览】按钮，查看网页设计效果，如图5-18所示。

图5-18

5.4 同步强化模拟题

一、单选题

1. 网页原型绘制的基本流程是（　　）。
   A. 收集用户信息、绘制草图、演示评论、制作原型图、制作交互稿
   B. 收集用户信息、演示评论、绘制草图、制作原型图、制作交互稿
   C. 绘制草图、收集用户信息、演示评论、制作原型图、制作交互稿
   D. 绘制草图、收集用户信息、制作原型图、演示评论、制作交互稿

2. 以下选项中，不属于常用的原型图绘制工具的是（　　）。
   A. Axure   B. Sketch
   C. Word   D. Mockplus
   E. 墨刀   F. PPT

3. 以下选项中，不属于收集用户信息常用的方式的是（　　）。
   A. 问卷调查   B. 关键词提取
   C. 面对面访谈   D. 大数据分析

4. Axure 软件是由（　　）公司研发的一款专业制作原型图的设计工具。
   A. Adobe 公司   B. Axure Software Solution 公司
   C. 微软公司   D. 谷歌公司

二、多选题

1. 原型图作为原型设计的主要呈现方式之一，通过中保真、高保真的呈现效果，将产品的哪些方面展示出来？（　　）
   A. 内容   B. 布局
   C. 功能   D. 交互方式

2. 交互稿的制作原则有（　　）。
   A. 标准规范   B. 模拟真实
   C. 方便可读   D. 逻辑严谨

3. 交互稿需要呈现的信息包括（　　）。
   A. 明确的功能点   B. 操作点的各个状态
   C. 完整的界面操作流程   D. 用户体验

4. 可用性测试的主要流程包括（　　）。
   A. 制定测试方案   B. 预测试
   C. 用户邀请   D. 数据分析

三、判断题

1. 原型图常应用于开发团队内部、大多出现在头脑风暴的会议当中，能够快速地形成产品的大致框架。线框图则是动态且可交互的，界面间的跳转可以更加准确、直观地展示产品的交互逻辑。（　）

2. 草图要表达的信息包括大致的模块位置、基本的功能、简单的交互逻辑等，在团队会议的头脑风暴当中时常出现，通过配合产品的功能与操作，绘制出界面操作流程草图。（　）

3. 预测试是根据产品功能，通过选择不同属性的用户来进行，邀请用户对产品体验与反馈，制作数据报告，产品据此进行调整与优化。（　）

作业：制作"UI中国"的原型图和交互稿

以 UI 网站首页为临摹对象绘制原型图，并根据网页导航栏的功能绘制交互稿。

核心知识点： 原型图制作规范、Axure 软件的应用、悬停效果、交互样式等。

尺寸： 1024 像素 ×800 像素。

颜色模式： RGB 色彩模式。

分辨率： 72PPI。

背景颜色： 自定义。

作业要求

（1）使用Axure软件制作"UI中国"首页原型图，包括网页导航栏的交互效果，并根据交互效果绘制交互稿。

（2）作业需要符合网页尺寸、颜色模式、分辨率等要求。

（3）作业提交JPG格式文件。

第 6 章

图标设计

在界面设计中,图标是不可缺少的重要元素。图标可以理解为用于视觉信息传达的小尺寸图像。本章主要讲解图标工具及其绘制方法,填色和描边的基础知识,并通过案例讲解线性图标和面性图标的绘制流程,颜色的设置方法,以及特殊效果的处理方法。

6.1 图形工具组

图形工具组是Illustrator中最常用的工具之一,主要用于绘制图形,如UI图标、企业Logo等。可以直接使用图形工具组中的工具绘制简单的图形,也可以通过布尔运算将简单的图形进行组合,绘制出各种复杂的图形或图标。

6.1.1 认识图形工具组

图形工具组位于Illustrator的工具箱中,包括矩形工具、圆角矩形工具、椭圆工具、多边形工具、星形工具和光晕工具,如图6-1所示。使用图形工具绘制的基础图形如图6-2所示。选择不同的图形工具并按住<Shift>键,可以绘制正方形、圆角正方形、圆形、正多边形等图形,如图6-3所示。

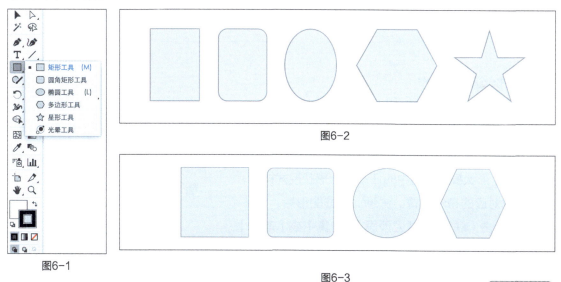

图6-1

图6-2

图6-3

6.1.2 图形工具组的用法

想要组合基础图形得到复杂的图形,需要进行图形的布尔运算。布尔运算是指将两种或两种以上的图形通过联集、差集和交集等运算而得到新的图形。布尔运算主要包括联集、交集、减去顶层、差集4种运算方式。

1. 布尔运算的4种方式

联集指的是两个图形重叠并相加,得到新的形状,如图6-4所示。

交集指的是两个图形相交,得到形状相交的区域,如图6-5所示。

减去顶层指的是两个图形重叠并减去顶层形状,得到除顶层外的区域,如图6-6所示。

差集指的是两个图形相交,得到两个图形相交以外的区域,如图6-7所示。

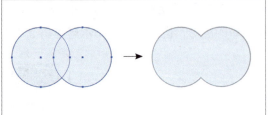

图6-4

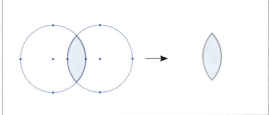

图6-5

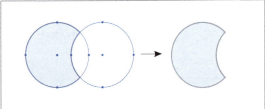

图6-6

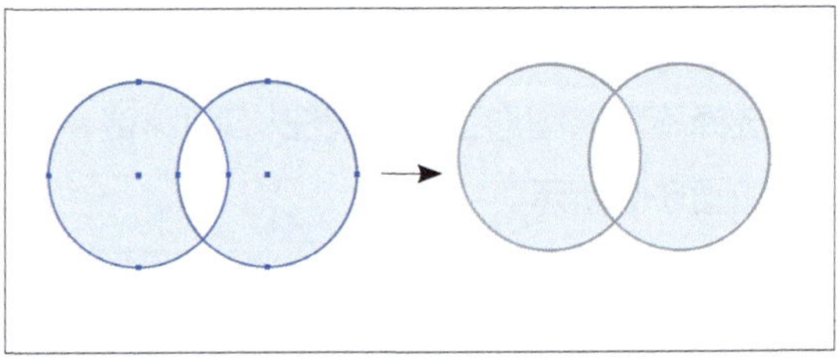

图6-7

2. 布尔运算的操作

在Illustrator中,图形的布尔运算需要使用【路径查找器】面板,如图6-8所示。使用选择工具框选有重叠部分的目标图形后,在【路径查找器】面板中,单击【形状模式】组中的任意一个形状模式按钮,即可完成对应的布尔运算。注意:框选图形后,按住<Alt>键单击【联集】【减去顶层】【交集】或【差集】按钮,还可以继续编辑图形。如果在编辑过程中不需要对图形进行单独编辑,选择菜单栏中的【对象】→【扩展外观】命令可以合并图形。

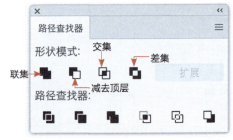

图6-8

6.1.3 布尔运算的典型案例

下面通过绘制4个复合图形来深入理解图形的布尔运算。

1. 联集案例:心形

将一个正方形和两个圆形进行联集运算,可以得到一个心形,如图6-9所示。具体的绘制过程如下。

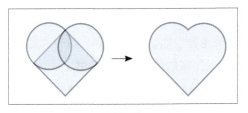

图6-9

首先，分别使用矩形工具和椭圆工具绘制一个正方形和一个圆形，去掉描边效果，填充浅灰色。移动圆形，使圆形的直径与正方形的一条边重叠，并且圆形的直径与正方形的边长要相等。按照此方法再复制一个圆形到正方形的另一条边上，如图6-10所示。这里有个小技巧，按<Ctrl>+<Y>组合键可以去掉图形的描边和填充的颜色，以轮廓显示，从而更便于将圆形和正方形对齐，如图6-11所示。

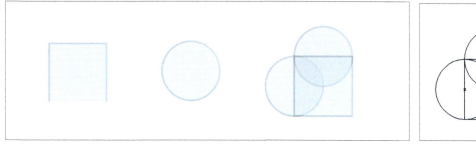
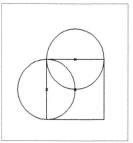

图6-10　　　　　　　　　　　　　　　　　图6-11

使用选择工具框选所有图形，在【路径查找器】面板中单击【联集】按钮，然后将整个图形旋转，水平放正，即可完成心形的绘制，如图6-12所示。

图6-12

2．减去顶层案例：信息图形

将矩形和三角形进行联集运算，再将联集运算所得的图形与3个圆形进行减去顶层运算，即可得到一个信息图形，如图6-13所示。具体的绘制过程如下。

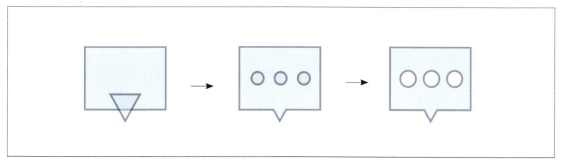

图6-13

首先，使用矩形工具和多边形工具分别绘制一个矩形和一个等边三角形，将等边三角形的一条边与矩形的底边平行对齐，并且在矩形底边居中的位置突出等边三角形的一个角。调整两个图形至合适的位置后将其进行联集运算，如图6-14所示。

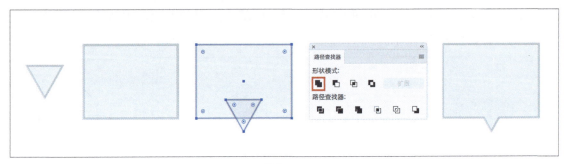

图6-14

最后，绘制3个圆形，使其在矩形内居中等距分布。使用选择工具框选所有图形，在【路径查找器】面板中单击【减去顶层】按钮，即可完成信息图形的绘制，如图6-15所示。

图6-15

3. 交集案例：信号图形

将正方形和圆形进行多次交集运算，可以得到一个信号图形，如图6-16所示。具体的绘制过程如下。

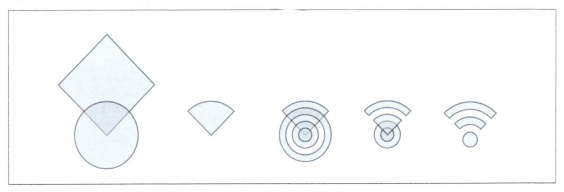

图6-16

首先，使用椭圆工具和矩形工具分别绘制一个圆形和一个正方形，然后将正方形旋转45°，把正方形和圆形垂直对齐，即正方形最下端的顶点和圆形的圆心重合。使用选择工具选中正方形和圆形，在【路径查找器】面板中单击【交集】按钮，得到一个扇形，如图6-17所示。

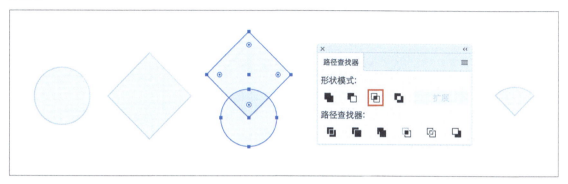

图6-17

使用椭圆工具绘制4个同心圆，如图6-18（b）所示。使用选择工具选中由外到内的3个圆形，在【路径查找器】面板中单击【差集】按钮，如图6-18（c）所示，得到如图6-18（d）所示的图形。将扇形和新得到的图形垂直对齐，即扇形的顶点和圆形的圆心重合，如图6-18（e）所示。

图6-18

选中扇形和新得到的图形，在【路径查找器】面板中单击【减去顶层】按钮，得到最终的信号图形，如图6-19所示。

图6-19

4. 差集案例：信封图形

将正方形和矩形进行差集运算，可以得到一个信封图形，如图6-20所示。具体的绘制过程如下。

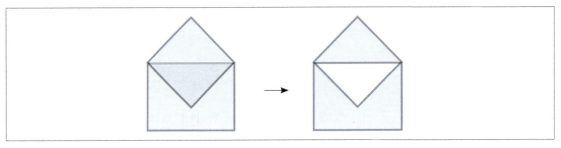

图6-20

首先，使用矩形工具绘制一个正方形，并将正方形旋转为菱形。再使用矩形工具绘制一个矩形，使矩形的长边与菱形的对角线重合。使用选择工具框选所有图形，在【路径查找器】面板中单击【差集】按钮，即可完成信封图形的绘制，如图6-21所示。

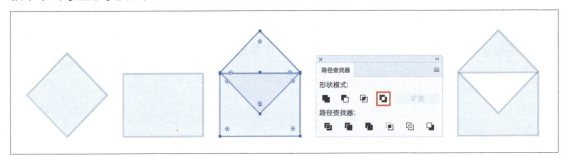

图6-21

6.2 填色和描边

下面将详细讲解填色和描边工具的使用方法，并通过线性图标和面性图标的绘制案例，帮助读者掌握填色和描边工具的用法。

6.2.1 填色和描边工具的用法

使用图形工具组绘制完图形后，一般需要使用填色工具为图形填充颜色，或者使用描边工具沿着图形外轮廓描绘线条。

填色和描边工具位于工具箱的底部，如图6-22所示。默认情况下，填色为白色，描边为黑色。在填色和描边工具组中，位于上方的工具为当前操作对象，默认操作对象为填色工具。

选中图形后，双击填色或描边工具，在弹出的【拾色器】对话框中选择一种颜色，即可修改图形的填充或描边颜色。单击【无】按钮，可以去掉填充或描边的颜色。

使用选择工具、直接选择工具或图形工具组中的任意工具时，工具属性栏中也会出现填色和描边选项，如图6-23所示。单击填色或描边选项的下拉按钮，在弹出的色板中选择一种颜色，即可修改图形的填充或描边的颜色。

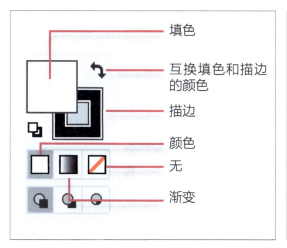

图6-22

图6-23

6.2.2 描边设置

填色的设置和描边的设置类似，由于篇幅有限，这里仅以描边的设置为例讲解具体的设置方法。

扫码看视频

执行【窗口】→【描边】命令，打开【描边】面板，如图6-24所示。在【描边】面板中可以对图形线条的粗细、端点、边角等进行设置。

1. 粗细

【粗细】选项组主要用于调节描边线条的粗细程度，数值越大，线条越粗；数值越小，线条越细。图6-25所示为不同粗细数值的描边效果。

2. 端点

【端点】选项组主要用于调节描边线条端点的形状，包括【平头端点】、【圆头端点】和【方头端点】3个选项，其中常用的是【平头端点】和【圆头端点】。图6-26所示为圆头端点的描边效果。

图6-24

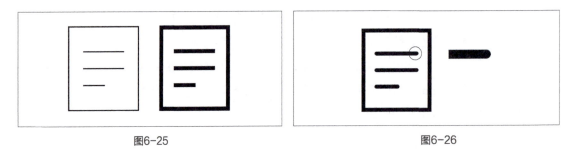

图6-25　　　　　　　　　　　　图6-26

3. 边角

【边角】选项组主要用于调节描边线条连接处的形状,包括【斜接连接】▣、【圆角连接】▣和【斜角连接】▣ 3个选项。图6-27所示为直角、圆角、斜角的描边效果。

斜接连接　　　圆角连接　　　斜角连接

图6-27

注意:当【描边对齐】设置为【内侧对齐】时,【边角】选项组无法使用。

4. 对齐描边

【对齐描边】选项组主要用于设置对齐方式,以图形框(蓝色参考线)为基准,使描边居中、内侧对齐或外侧对齐,3种对齐方式的区别如图6-28所示。

居中对齐　　　　　内侧对齐　　　　　外侧对齐

图6-28

5. 虚线

勾选【虚线】复选框后,可以将图形的轮廓线条设置为虚线。单击 ▣ 按钮,可以保留虚线和间隙的精确长度,效果如图6-29所示;单击 ▣ 按钮,可以使虚线和边角与路径终端对齐,并调整到适合的长度,效果如图6-30所示。

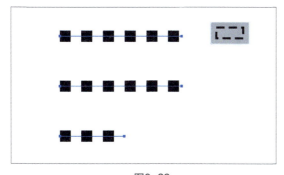

图6-29　　　　　　　　　　　　图6-30

6. 箭头

【箭头】选项组主要用于设置描边路径的起点和终点处箭头的形状，设置后的效果如图6-31所示。

拓展应用：直角变圆角

在图标的制作中，圆角图标占据了很重要的地位，因此需要掌握直角变圆角的方法。直角变圆角主要有使用圆角矩形工具和将转换角点向内拖曳两种方式。

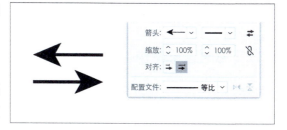

图6-31

1. 使用圆角矩形工具

使用圆角矩形工具绘制一个圆角矩形，再执行【窗口】→【属性】命令，打开【属性】面板。单击 ··· 按钮，可以在弹出的面板中精确调整圆角的角度数值，如图6-32所示。

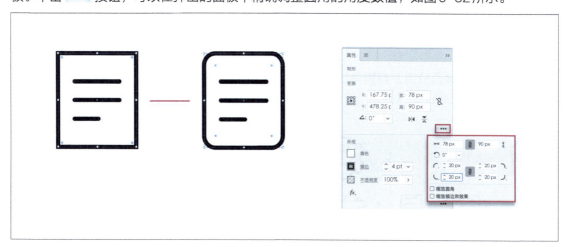

图6-32

2. 将转换角点向内拖曳

使用直接选择工具框选任意一个角点，在矩形内部会出现 ⊙ 符号，再使用直接选择工具向内拖曳，直角就会变成圆角。如果想精准调节圆角的角度，执行【窗口】→【属性】命令，打开【属性】面板，单击 ••• 按钮，可以通过【边角】数值框精确调整圆角的角度数值，如图6-33所示。

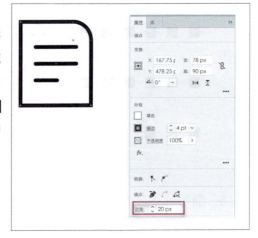

图6-33

6.2.3 线性图标案例

图标设计样式有很多种，主要分为线性图标和面性图标。线性图标是指通过线条的勾勒展现图形的轮廓，以线条为主的图标样式。根据不同的角和线，线性图标可分为直角线性图标、圆角线性图标和断线线性图标，如图6-34所示。

直角线性图标　　　圆角线性图标　　　断线线性图标

图6-34

下面通过3个案例分别讲解直角线性图标、圆角线性图标和断线线性图标的制作过程，如图6-35所示。

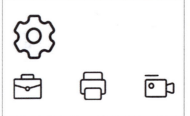

图6-35

1. 直角线性图标案例

使用矩形工具和直线段工具绘制图6-36（a）所示的图形，并使用添加锚点工具分别在矩形的右上角添加两个锚点。如果锚点的位置不好确定，可以绘制一个正方形作为参照物来确定两个锚点的位置，如图6-36（b）所示。最后使用删除锚点工具删除右上角的锚点，如图6-36（c）所示。最终效果如图6-36（d）所示。

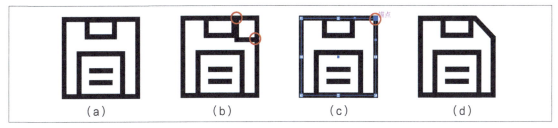

图6-36

2. 圆角线性图标案例

使用矩形工具绘制一个矩形，如图6-37（a）所示。选择旋转工具，按住<Alt>键的同时单击矩形的中心，如图6-37（b）所示。在弹出的【旋转】对话框中，设置【角度】为60°，单击【复制】按钮，如图6-37（c）所示。按<Ctrl>+<D>组合键1次，即可得到3个矩形相交的图形，如图6-37（d）所示。使用选择工具框选图形，单击【路径查找器】面板中的【联集】按钮，得到新图形，如图6-37（e）~图6-37（g）所示。

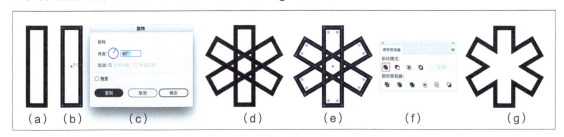

图6-37

使用选择工具框选新图形，如图6-38（a）所示。使用直接选择工具将形状上的锚点向外拖曳，即可得到图标的外轮廓，如图6-38（b）和图6-38（c）所示。最后使用椭圆工具，按住<Shift>键在图形内部绘制一个圆形，效果如图6-38（d）所示。

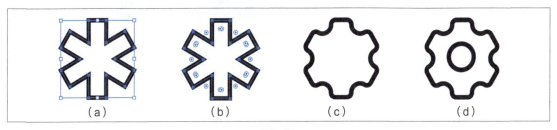

图6-38

3. 断线线性图标案例

使用椭圆工具绘制一个圆形，再使用直接选择工具框选圆形，单击下方的锚点并向下拖曳延长圆形的底部，单击属性栏中的【将所选锚点转换为尖角】按钮。继续对图形做调整，分别选中图形左右两端的锚点并向下拖曳，扩大图形的弧度，在调整的过程中可以拖曳参考线作为参考。使用添加锚点工具在断线位置添加锚点。使用直接选择工具选中需要删除的线段，按<Del>键删除线段，得到定位图标的外轮廓。最后使用椭圆工具在定位图标的内部绘制一个圆形，至此定位图标就制作完成了，如图6-39所示。

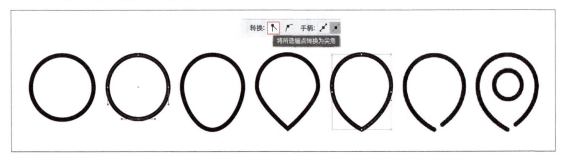

图6-39

6.2.4 面性图标案例

面性图标是指对图形进行色彩填充的图标样式，如图6-40所示。下面通过两个面性图标的绘制案例，详细讲解面性图标的制作方法。

扫码看视频

图6-40

1. 照片库图标案例

使用圆角矩形工具绘制一个圆角矩形，在【属性】面板中设置圆角的角度。使用矩形工具绘制一个正方形，并填充蓝色。使用删除锚点工具单击正方形右下角的锚点，使其变为三角形。将三角形顺时针旋转45°，用直接选择工具将三角形的两个尖角改为圆角，复制三角形。然后在圆角矩形框中组合图形，选中这两个三角形，单击【路径查找器】面板中的【联集】按钮。使用直接选择工具将三角形的直角转换为圆角。选中矩形框，按<Ctrl>+<C>组合键复制图形，按<Ctrl>+<F>组合键原位粘贴。使用选择工具框选矩形框和山字图形，单击【交集】按钮。最后使用椭圆工具绘制一个圆形，至此照片库图标绘制完成，如图6-41所示。

图6-41

2. 收藏夹图标案例

使用圆角矩形工具绘制一个圆角矩形，并填充蓝色。接着绘制图形上半部分的小圆角矩形，将小圆角矩形旋转30°，放置在大圆角矩形的上部。继续复制一个小圆角矩形，选中两个小圆角矩形，单击【分割】按钮，然后调整图形的位置。绘制一个矩形，用于分割两个小圆角矩形，单击【减去顶层】按钮。使用椭圆工具绘制一个描边圆形，使用直接选择工具框选圆形的上半部分路径并删除，剩下半圆。在【描边】面板中，单击【圆头端点】按钮，为半圆填充黄色，然后放置在圆角矩形中，如图6-42所示。

图6-42

6.3 颜色设置

为图标应用颜色，不仅能提升图标的精致程度，还能更好地修饰界面，与界面色调保持一致，让界面元素风格统一。通过上节的学习，读者已经掌握了图标的绘制方法，接下来讲解色板、颜色、渐变3个面板的使用方法，帮助读者掌握色彩的运用方法。

6.3.1 色板

执行【窗口】→【色板】命令，打开【色板】面板，如图6-43所示。在【色板】面板中可以进行新建颜色、保存画板中的颜色和修改颜色等操作。

1. 新建颜色

在【色板】面板中单击【新建色板】按钮 ，在弹出的【新建色板】对话框中，可以进行颜色模式、全局色等设置，如图6-44所示。

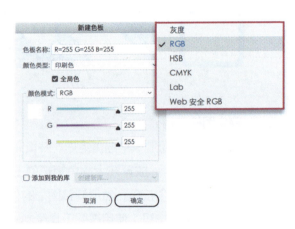

图6-43　　　　　　　　　　　　　图6-44

（1）颜色模式。

在【新建色板】对话框中常使用的颜色模式有RGB、CMYK。RGB模式是加色模式，颜色越叠加越亮，通常用于显示器上显示；CMYK模式则是减色模式，颜色越叠加越暗，主要用于印刷品中。

（2）全局色。

在【色板】面板中，新建颜色时如果勾选了【全局色】复选框，当被设置了全局色的颜色有修改时，使用了该颜色的图形也会跟着改变颜色，如图6-45所示。

除了在【色板】面板中可以新建色板外，在【颜色】面板中也可以新建色板。方法：执行【窗口】→【颜色】命令，在【颜色】面板中单击【扩展】按钮 ，选择【创建新色板】命令，如图6-46所示；或者直接将颜色拖曳到【色板】面板中，都可以保存颜色。

图6-45　　　　　　　　　　　　　　　　　图6-46

2. 保存画板中的颜色

如果保存单一的颜色，可选中要保存颜色的图形，单击【色板】面板中的【扩展】按钮，选择【创建新色板】命令，或者将颜色拖曳到【色板】面板中，即可保存该颜色。

如果保存全部的颜色，可全部选中图形，单击【色板】面板中的【扩展】按钮，选择【新建颜色组】命令，即可保存全部的颜色。

3. 修改颜色

在绘制图标的过程中，如果需要对图标的颜色进行修改，可以使用以下两种方法。

方法1：选中图形，在【颜色】面板中修改颜色。

方法2：如果图形中的颜色使用了全局色，在【色板】面板中找到该颜色并进行修改，则图形自动应用新的颜色。如果没有使用全局色，则需要在【色板】面板中修改颜色后，再将颜色重新应用到图形上。

6.3.2 配色方案

扫码看视频

在进行图标配色时，可以参考Illstrator中自带的色板库和颜色主题的配色。

1. 色板库

单击【色板】面板中的【"色板库"菜单】按钮 ，在弹出的列表中选择要打开的色板，如图6-47所示。色板库中有很多颜色和配色方案可供参考和使用。

2. 颜色主题

执行【窗口】→【颜色主题】命令，在打开的面板中单击【Explore】选项卡，在【Explore】选项卡中有很多的配色方案，并且都可以添加到色板中，如图6-48所示。

图6-47

图6-48

6.3.3 渐变

扫码看视频

渐变色可以被运用在各个领域,如 UI 界面、品牌Logo、海报、插画和字体设计等,如图6-49所示。渐变色是用两种或多种不同的颜色填充在一个元素上,这些颜色之间淡入或淡出,呈现过渡微妙、细腻的效果。

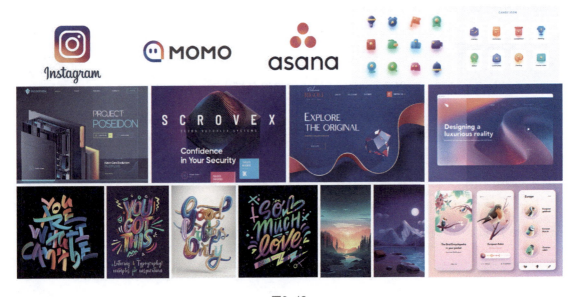

图6-49

在Illustrator中，通过【渐变】面板和【色板】面板中的默认渐变方法可以设置渐变色。

选中图形，单击【渐变】面板中的渐变图标，图形就被填充了渐变色。在【渐变】面板中，还可以对类型、角度、渐变滑块等进行设置，如图6-50所示。

（1）类型：渐变的类型有线性渐变、径向渐变和任意形状渐变3种。

（2）角度：在角度下拉列表框中输入或选择任一角度，可以改变渐变方向。

（3）渐变滑块：双击渐变滑块，会出现颜色、色板、吸管工具，用于修改渐变颜色。

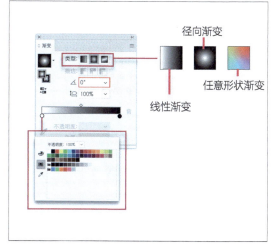

图6-50

描边也可以应用渐变色。选中描边的图形，打开【渐变】面板，可以看到描边渐变有在描边中应用渐变、沿描边应用渐变和跨描边应用渐变3种类型，可以根据设计需求选择不同的渐变描边效果，如图6-51所示。

保存渐变色的方法：将【渐变】面板中的图标直接拖曳到【色板】面板中，即可保存，如图6-52所示。

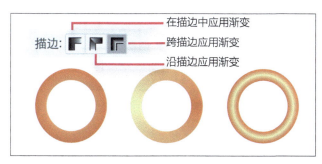

图6-51

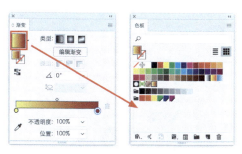

图6-52

下面通过线性渐变案例和任意形状渐变案例来介绍渐变颜色的使用方法。

1. 线性渐变案例

根据提供的图标，将圆形由实色改为渐变色。选中底部圆形，单击【渐变】面板中的渐变图标，应用渐变色，如选择【线性渐变】。然后双击渐变滑块进行配色，颜色效果由浅至深，两色差距不要太大，细微变化即可，这样渐变色看起来比较自然。深色在浅色的基础上调整HSB模式的明度，可以使颜色明亮、轻快，避免都用深色显脏。使用渐变工具在圆形上由左上角拖曳至右下角，改变渐变方向，效果如图6-53所示。最后可以将配好的颜色方案在色板中保存。

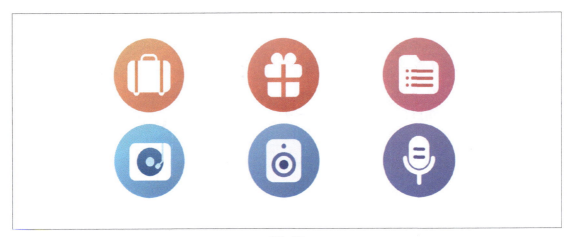

图6-53

2. 任意形状渐变案例

选中图形,在【渐变】面板中单击【任意形状渐变】按钮,图形中会出现几个默认的虚线点,这里称为"色标"。将鼠标指针悬停在色标上,会出现一个虚线框,拖曳虚线框可以调整渐变的范围。移动色标可以改变渐变的位置,将色标拖到图形外可以删除渐变颜色,在图形的任意位置单击可以添加色标。双击色标可以分别对每个位置的渐变颜色进行修改。此外,双击【渐变】面板中的【色标】按钮,也可以更改渐变颜色,如图6-54所示。

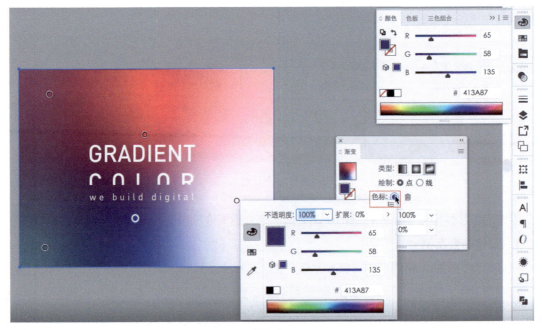

图6-54

6.4 效果

为了让图标更引人注意,除了基本的造型、配色外,一套成功的图标设计还需要凸出质感。具有强烈质感的图标可以增添视觉亮点,给浏览者留下深刻的印象。可以利用Illustrator效果和Photoshop效果为图标做效果,增强图标的立体效果或质感。

6.4.1 Illustrator 效果

Illustrator效果是基于矢量对象的,选中绘制好的图标,打开【效果】菜单,可以看到一系列的Illustrator效果选项,如图6-55所示,常用的效果主要有内发光、外发光、投影。

图6-56中主要应用了投影效果,关键操作步骤如下:选中设计好的图形,执行【效果】→【风格化】→【投影】命令,打开【投影】面板,设置【模式】为【正片叠底】,保持X位移不变,Y位移数值增大,调整到合适的位置,这样呈现的投影是在图标的正下方,产生一种悬浮感。投影的不透明度在30%左右。投影的颜色不能使用黑色或者灰色,根据每个图标的颜色选择比图标颜色饱和度更高、明度更低的颜色,这样投影的颜色会更加干净通透。

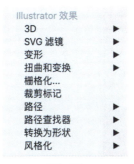

图6-55

图6-56

6.4.2 Photoshop 效果

Photoshop效果是基于像素的,将矢量对象通过像素化呈现效果。打开【效果】菜单,可以看到一系列的Photoshop效果选项,如图6-57所示。常用的效果是高斯模糊。

图6-57

图6-58中主要应用了高斯模糊效果,关键操作步骤如下:选中需要模糊的图形,执行【效果】→【模糊】→【高斯模糊】命令,可以根据视觉效果调节模糊范围的半径大小,半径越大,模糊范围越大;半径越小,模糊范围越小。

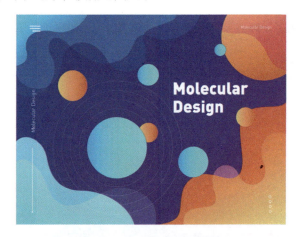

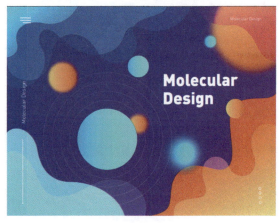

图6-58

6.5 同步强化模拟题

一、单选题

1. 在 Illustrator 中选择不同的图形工具，按住键盘上的什么键可以绘制正方形、圆角正方形、圆形、正多边形？（ ）

   A. <Ctrl>键　　　　　　　　　　　B. <Alt>键

   C. <Shift>键　　　　　　　　　　D. <Ctrl+ Shift>组合键

2. 通过哪两种图形的布尔运算可以绘制出心形？（ ）

   A. 矩形和椭圆　　　　　　　　　　B. 矩形和圆形

   C. 正方形和椭圆　　　　　　　　　D. 正方形和圆形

二、多选题

1. 下列工具选项中，属于Illustrator 中的图形工具组的是（ ）。

   A. 矩形工具　　　　　　　　　　　B. 圆角矩形工具

   C. 椭圆工具　　　　　　　　　　　D. 直线工具

2. 以下选项中，属于布尔运算方式的有（ ）。

   A. 联集　　　　　　　　　　　　　B. 交集

   C. 减去顶层　　　　　　　　　　　D. 差集

3. 线性图标是以线条为主的图标类型，根据不同的角和线可分为哪几种类型？（ ）

   A. 描边线性图标　　　　　　　　　B. 直角线性图标

   C. 圆角线性图标　　　　　　　　　D. 断线线性图标

4. 以下选项中，属于描边渐变的有（ ）。

   A. 在描边中应用渐变　　　　　　　B. 沿描边应用渐变

   C. 在描边外应用渐变　　　　　　　D. 跨描边应用渐变

三、判断题

1. 差集指的是两个图形相交，得到两个图形相交的区域。（ ）

2. 面性图标是指对图形进行色彩填充的图标样式。（ ）

3. Illustrator 中的填色与描边工具在默认情况下，填色为白色，描边为黑色。（ ）

4. RGB 模式是加色模式，颜色越叠加越亮，通常用于显示器上显示；CMYK 模式则是减色模式，颜色越叠加越暗，主要用于印刷品中。（ ）

作业：网页常用图标

绘制30个互联网常用的图标，分别是个人中心、收藏、分享、删除、观看、点赞、评论、消息、语音、拍照、图片、设置、时间、标签、音量、购物车、分类、播放、暂停、快进、快退、钱包、发现、搜索、编辑、客服、账号、密码、关注、热门。

核心知识点： 图形工具的使用、描边、颜色填充。
尺寸： 800像素×600像素。
颜色模式： RGB色彩模式。
分辨率： 72PPI。

作业要求
（1）可以绘制线性图标或者面性图标。
（2）图标风格要统一。
（3）可以根据参考范例风格进行绘制或加以调整。

参考范例

第 7 章

组件设计

作为一名Web产品设计师,需要具备组件化设计思维,如何搭建组件库和制定设计规范更是设计师需要掌握的。本章主要讲解Web端常用组件的使用方法,并通过案例帮助读者领会组件化设计思维。

7.1 认识Web端UI设计组件

一个成熟的设计团队会有组件库和对应的设计规范。组件库对团队和个人来说都是非常高效的设计模板，当遇到同一类组件设计时就可以复用，这样可以减少设计和开发的时间成本，增强产品的统一性，避免组件样式过多给用户带来认知障碍。设计规范用以指导团队成员使用组件。在使用组件前，首先要熟知Web端UI设计组件的部分组成。根据组件的用途，Web端UI设计组件可以分为六大类：导航、表单、数据、反馈、基础、其他，如图7-1所示。

图7-1

7.1.1 UI设计组件的概念

在可视化界面设计中，UI设计组件是指界面特定元素组成的可被重复利用的控件或元件，如图7-2所示。例如，QQ聊天就是一个组件系统，这个系统中又分了很多组件模块，包括输入聊天内容、查看聊天记录、发送文件等，在这些组件模块中又包含了最基础的组件元素，如按钮和图标等。根据按钮的使用场景又分为按钮的默认状态、悬停状态、禁用状态、点击状态、忙碌状态。而按钮组件是可以重复使用在一些需要点击确认的界面中，所以组件具有独立性、完整性、可自由组合的特性。

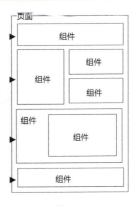

图7-2

7.1.2 UI 设计组件的优势

UI 设计组件具有如下优势。

（1）保持一致性。在界面设计中所有元素和结构需要保持一致性。例如，文本和图标的设计样式，元素的位置等。

（2）反馈用户。操作页面后通过页面元素的变化清晰地展现当前状态。通过界面按钮或交互动效让用户可以清晰地感知自己的操作。

（3）提高效率，减少成本。设计简洁直观的操作流程，界面简单直白，让用户能够快速识别，减少用户记忆的负担。网页上的文字清晰且表意明确，让用户能够快速理解并做出决策。

7.1.3 基于组件的设计方法

基于组件的设计方法是指由元素、组件、构成和页面共同协作以创造出更有效的用户界面系统的一种设计方法。在使用该方法进行 Web 产品设计时，需要重点关注以下几个方面。

1. 一致性

要基于品牌的元素，将字体、版式和颜色都定义好，并贯穿在整个项目中，保持组件样式的一致性，如图 7-3 所示。

图 7-3

2. 布局

布局可以理解为图文排列的设计规范，包括图文之间的间距，构成组件的元素数量等，如图 7-4 所示。通过设计规范来帮助其他设计师快速进入项目工作中。

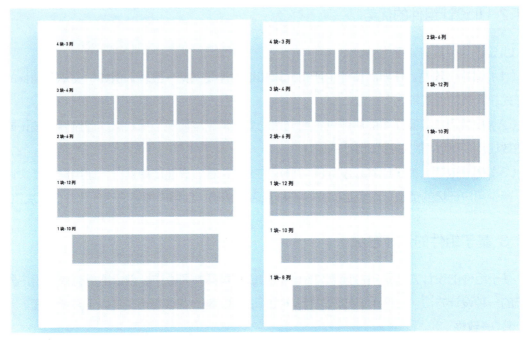

图7-4

3. 元素

元素是指项目中重复使用的最小单位,如按钮、图标、输入框等。元素的特点是不可再切割。元素的设计形式,包括各种状态都需要设定好,如按钮悬停状态、点击状态等,设定好之后需要在整个项目中重复使用,如图7-5所示。

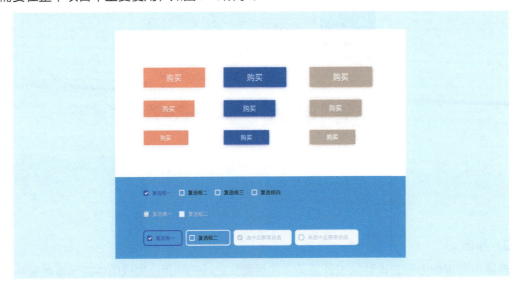

图7-5

4. 组件

当设计Web产品界面时,在界面上应用最多的就是组件。一个组件至少需要几个元素构成,如图7-6所示。

图7-6

5. 构成

构成由许多不同的组件组成,且定义了组件的运用方式。例如,在图7-7所示的界面中,它定义了组件之间的间距,以及标题和组件是如何被重复使用的。

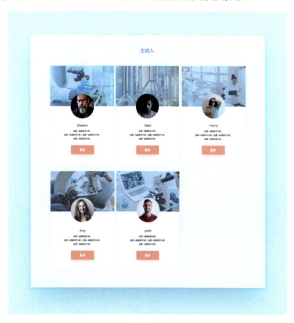

图7-7

6. 页面

每一个页面中都包含了组件和构成的排列组合，如图7-8所示。设计师在收到修改意见时，只需在页面这一层级做改动，元素、组件、构成都不做改变。例如，产品经理提出将聊天页面的背景改为黑色，则只改聊天页面即可。

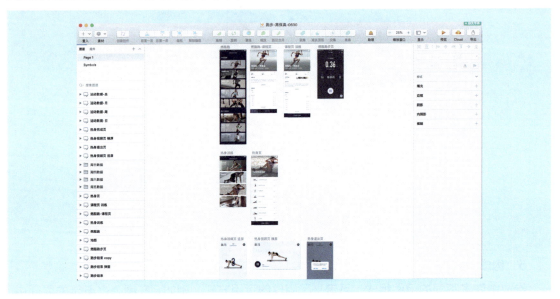

图7-8

下面通过一个案例，让读者理解如何应用基于组件的设计方法。要给3个不同的产品做展示图，并加上购买入口，每个产品的表现形式相同，都包含了一个购买按钮、一张图片和几段文本内容，这几个元素组合起来构成了产品展示图组件，如图7-9所示。

图7-9

现在，需要在首页上以1行3列的布局来展示这3个产品，这就需要设计产品构成的规范，这个构成规范了产品之间的间距以及标题个数。该项目上线后，当其中一个产品售罄，需要改变产品展示图的状态时，只需更新产品展示图组件即可，非常方便，如图7-10所示。

图7-10

7.1.4 引入组件化的时间

引入组件化的时间有两种情况。

一种情况是在产品开始前就建立组件化。一般依附于旧产品，设计师直接套用以前的项目组件库，修改后应用到新产品里，这样项目的前期设计会比较节约时间和成本。

另一种情况是产品成熟后，开始做组件化。组件化搭建一般分为以下几个步骤。

（1）整理目录：将线上产品的组件进行梳理并分组，形成一个目录。

（2）制定模板：以一个典型的组件为例，制定组件的内容规范，包含组件的定义、组件的几种类型、组件的标注、组件的交互规范和组件的极限情况等。

（3）设计规范：按照制定模板，将每个组件的内容进行填充，形成一套完整的设计规范。

（4）生成组件库：将设计规范里的组件样式单独抽取出来，形成组件库。

7.1.5 使用组件化的方法

当团队搭建完组件库以后，接下来就是成员之间使用组件库。在使用组件库的过程中，当新需求来临时，根据应用场景选择合适的组件组合成对应的组件模板。根据实际产品，组件模板形成对应的产品页面。一个个产品页面形成页面操作流程，根据最终完成的页面操作流程形成用户体验，如图7-11所示。

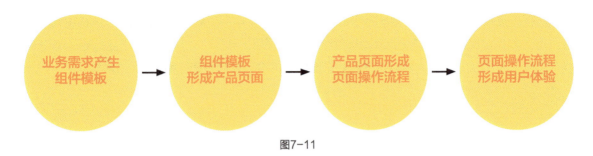

图7-11

7.2 导航

将网站的信息架构分组归类并以导航的形式展示给用户,解决用户在访问页面时在哪里、去哪里、怎样去的问题。

1. 导航菜单

导航菜单是指为页面和功能提供导航的菜单列表。通过导航菜单用户可以在各页面中进行跳转。使用场景:提供一个流量分发入口,网站的功能聚集地。一般分为顶部导航和侧边导航。顶部导航即主导航,提供全局性的类目和功能,如图7-12所示。侧边导航多用于二级导航,并且根据功能进行分组,如图7-13所示。为了节省空间,有的侧边导航可以点击收起。

图7-12

图7-13

2. 面包屑

面包屑用于显示当前页面在网站层级结构中的位置,并能向上返回,如图7-14所示。使用场景：告诉用户当前所处的位置，需要向上导航。当网站的层级结构在两级以上时，就需要使用面包屑组件。

3．下拉菜单

下拉菜单是指可以向下弹出列表，如图7-15所示。使用场景：当页面上的操作命令过多时，可以用此组件收纳操作元素。

图7-14

图7-15

4．分页

分页是指采用分页的形式分割内容，每次只加载一个页面，如图7-16所示。使用场景：当信息量过大、加载时间过长时，需使用此组件。

图7-16

5．页头

页头位于页容器顶部，起到内容概览和引导页级操作的作用，如图7-17所示。

6．步骤条

步骤条是指引导用户按照流程完成任务的导航条，如图7-18所示。使用场景：当任务步骤不低于两步，或者复杂任务需要拆分步骤时，需使用此组件。

图7-17

图7-18

7.3 表单

表单主要用于收集、校验和提交数据，由单选框、复选框、输入框和选择器等控件组成。

1．单选框和复选框

单选框是在一组可选项中进行单选，如图7-19所示。复选框是在一组可选项中进行多选，如图7-20所示。

图7-19　　　　　　　　　　　　　　图7-20

2．输入框

输入框的作用是通过鼠标或键盘等输入文字，如图7-21所示。

3．计数器和数字输入框

计算器和数字输入框的作用是通过鼠标或键盘等输入数据，如图7-22所示。

图7-21　　　　　　　　　　　　　　图7-22

4．选择器和级联选择器

选择器是指当选项过多时，使用下拉菜单展示选择内容，如图7-23所示。

级联选择器是指当一组数据有清晰的层级关系时，可以通过级联选择器进行逐级查看并选择，如图7-24所示。使用场景：需要从一组相关联的数据中进行选择。例如，省-市-区-县。从一个较大的数据组中进行选择时，用多级分类进行分隔，选择更方便且体验较好。

图7-23

图7-24

5．时间选择器和日期选择器

时间选择器是输入或选择时间的控件。当用户需要选择时间时，可以单击输入框，在弹出的时间面板中进行选择，如图7-25所示。

日期选择器是输入或选择日期的控件，如图7-26所示。

图7-25

图7-26

6．开关

开关是在"开"或"关"等两种相对立状态间切换的控件，如图7-27所示。

图7-27

7．树选择

树选择是指树形选择控件，用清晰的层级结构展示信息，可以折叠或展开，如图7-28所示。

图7-28

7.4 数据

用户在使用网站的过程中，通过数据可以直观地了解当前所处的状态。

1. 徽标数

徽标数是指出现在按钮或图标右上角的数字或其他提示信息，如图7-29所示。

2. 上传

上传是指通过单击或把文件拖入指定区域，从而把本地文件上传到服务器上，如图7-30所示。

图7-29

图7-30

3. 进度条

进度条用于展示操作进度，告知用户当前的状态和预期，如图7-31所示。使用场景：上传或下载需要较长的等待时间，所以需要一个进度条来告知用户当前的情况。

4. 加载中

加载中是指页面和区块的加载中状态，如图7-32所示。

图7-31

图7-32

5. 头像

头像是指用图标、图片或者字符的形式展现用户或事物，如图7-33所示。

6. 评论

评论是指对网站内容的评价、讨论和反馈，如图7-34所示。

图7-33

图7-34

7. 走马灯

走马灯的作用是在有限的空间内，循环播放图片和文字等内容，如图7-35所示。

8. 折叠面板

折叠面板的作用是折叠和展开内容区域，如图7-36所示。

9. 时间轴

时间轴的作用是可视化地展示时间流信息，如图7-37所示。

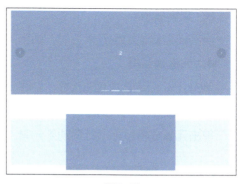

图7-35

图7-36

图7-37

10. 滑块

滑块的作用是允许用户在有限的区间内通过移动锚点来选择一个合适的数值。例如，音量调节滑块，播放器的进度滑块等。

7.5 反馈

反馈是指用户做了某项操作后，系统给用户的一个响应。根据应用场景的不同，系统响应的形式和作用也不一样。

1. 警告提示

警告提示的作用是展现需要关注的内容，如图7-38所示。使用场景：当某个页面需要向用户展现警告信息时。

2. 对话框

对话框的作用是在保留当前页面的情况下，告知用户信息和相关操作，如图7-39所示。

图7-38

图7-39

3. 文字提示

当鼠标指针移动到元素上时，弹出简单的文字提示气泡框，如图7-40所示。

4. 气泡确认框

单击元素，弹出气泡确认框，如图7-41所示。

5. 气泡卡片和弹出框

单击元素或将鼠标指针移动到元素上时，弹出气泡式的卡片浮层，如图7-42所示。

图7-40

图7-41

图7-42

6. 骨架图

骨架图是指在需要等待加载内容的位置提供一个占位图形，如图7-43所示。使用场景：① 网络较慢，需要长时间等待；② 图文信息较多的列表；③ 只在第一次加载数据时使用；④可以被加载代替，但在某些应用场景下可以提供比加载更好的视觉效果和用户体验。

7. 消息提示

消息提示常用于主动操作后的反馈提示，如图7-44所示。与通知的区别是，通知更多用于系统提醒，属于被动提醒。

图7-43

图7-44

7.6 基础

设计组件中最小的元素和图文排列的设计规范归类为基础。

1. 按钮

按钮用于开始一个即时操作，如图7-45所示。

图7-45

2. 图标

图标是指具有明确指代含义的矢量图形，如图7-46所示。

3. 布局

布局是指协助页面进行整体规划，如图7-47所示。

图7-46

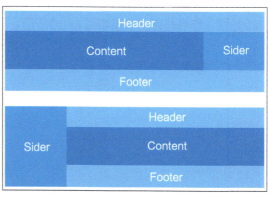

图7-47

7.7 其他

无法分类到导航、表单、反馈、数据、基础这些组件中，但又必须让读者了解的组件，则归类为其他。

1. 表格

表格用于展示行和列的数据，如图7-48所示。

2. 回到顶部

回到顶部是指返回页面顶部的按钮。使用场景：当页面内容比较长的时候，或者当用户需要频繁返回页面顶部的时候，如图7-49所示。

图7-48

图7-49

7.8 网页组件绘制案例

这节主要讲解网页组件的绘制方法，需要绘制的网页组件为警告提示、滑块、分页、日期选择器、按钮、下拉菜单、头像和开关。绘制组件使用的软件技术并不复杂，通过图形工具绘制图形，并填充上颜色就能完成大部分的组件制作工作。绘制组件的关键是保持组件的统一性和规范性。作品的完成效果如图7-50所示。下面将讲解组件绘制的关键步骤。

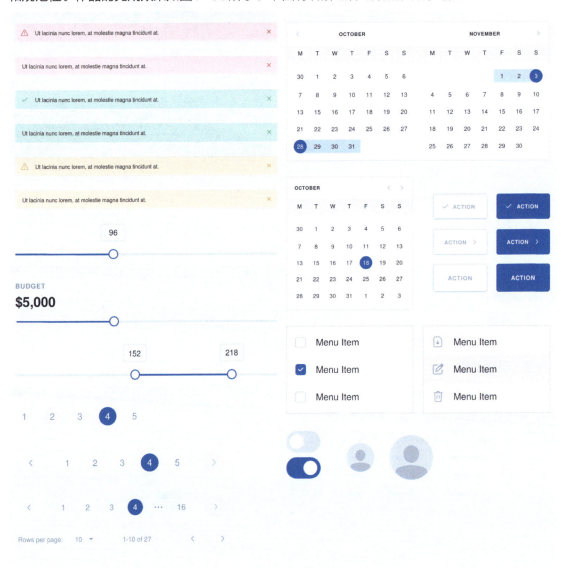

图7-50

1. 制作警告提示组件

在Illustrator中，新建大小为593像素×40像素的画布，使用多边形工具绘制三角形，通过属性栏设置边角参数，使三角形的尖角变为圆角。使用文字工具输入叹号，再为叹号创建轮廓，然后将叹号放入三角形中，组成警示图标。

使用直线段工具制作关闭图标。然后使用文字工具输入文字，并设置字体、字号。最后为警告提示组件填色。接下来通过复制画布、更换颜色的方法完成剩下的组件的制作，效果如图7-51所示。

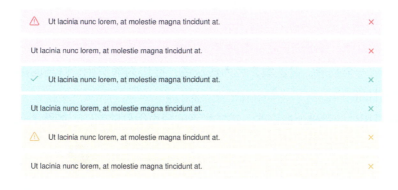

图7-51

2. 制作滑块组件

下面以图7-52所示的操作对象为例来讲解滑块组件的制作方法。继续在上一个文件中新建大小为480像素×72像素的画布。使用圆角矩形工具绘制一条线段，并填充灰色。复制灰色线段并原位粘贴，通过属性栏改变线段的宽度数值，使灰色线段缩短，然后填充蓝色。

图7-52

使用椭圆工具绘制两个相同的圆形，分别放在蓝色线段的两端。

使用文字工具分别输入数字"152"和"218"，再使用圆角矩形工具绘制两个圆角矩形，并设置描边为灰色，分别与两个数字居中对齐，至此完成滑块组件的制作。

在此滑块组件的基础上做修改，完成剩下的滑块组件的制作，如图7-53所示。

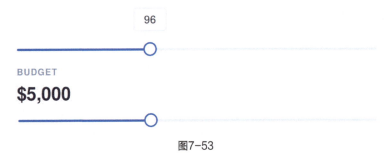

图7-53

3. 制作分页组件

下面以图7-54所示的操作对象为例来讲解分页组件的制作方法。新建大小为388像素×48像素的画布。使用文字工具输入数字和省略号；使用直线段工具制作向前图标和向后图标；使用椭圆工具绘制圆形，并填充蓝色，然后将蓝色圆形与数字居中对齐，将数字填充白色。再使用椭圆工具绘制一个圆形，设置填充色为浅灰色，描边为深灰色，并与向后图标居中对齐，至此完成分页组件的制作。

可以在此分页组件的基础上做修改，完成剩下的分页组件的制作，如图7-55所示。

图7-54   图7-55

4. 制作日期选择器组件

下面以图7-56所示的操作对象为例来讲解日期选择器组件的绘制方法。新建大小为320像素×326像素的画布。使用文字工具输入星期一到星期日的英文首字母以及日期数字，并通过【对齐】面板将星期和日期进行水平、垂直居中对齐，以及分布间距对齐调整。使用矩形工具绘制一个同页面宽度的矩形，填充浅灰色，在矩形上单击右键，选择【排列】→【置于底层】命令，然后放置在星期文字上。

使用椭圆工具绘制一个圆形，填充蓝色，与日期居中对齐，日期颜色改为白色。将分页组件的向前图标和向后图标复制，粘贴到日期选择器组件中进行复用，至此完成日期选择器组件的制作。

将此画布进行复制，并修改画布大小为640像素×326像素。将日期和相应元素继续复制、粘贴到画布的右侧，调整日期数字。使用矩形工具绘制一个矩形，填充浅蓝色，放置在相应的日期数字上，完成另一个组件的制作，如图7-57所示。

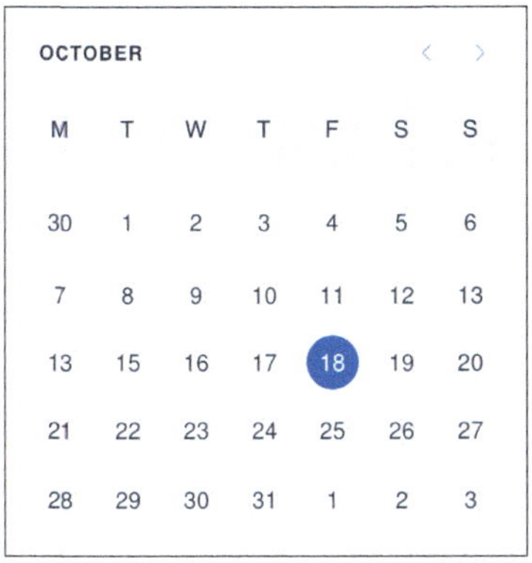

图7-56 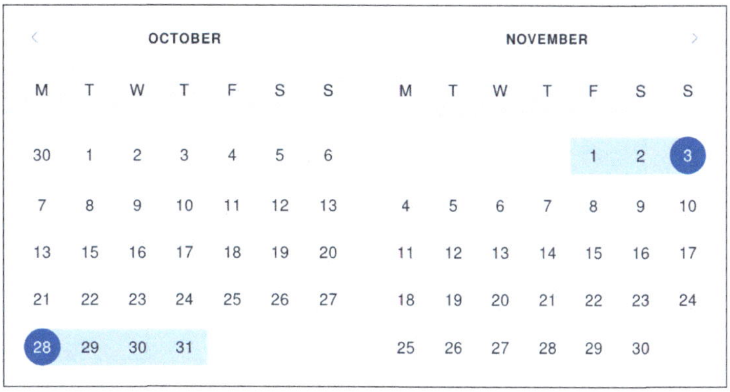　　　　　　　　　　　　　　图7-57

5．制作按钮组件

新建大小为112像素×56像素的画布，使用文字工具输入文字"ACTION"，设置字体、字号和颜色。使用圆角矩形工具绘制一个圆角矩形，设置填充为无，描边为浅蓝色。使用钢笔工具绘制一个对勾图形，放置在文字前方并水平居中对齐，至此完成描边按钮的制作。复制两次画布，调整图形和文字大小，完成剩下两个描边按钮的制作。再将3个描边按钮的画布进行复制，将描边圆角矩形改为蓝色填充色，完成填充色按钮的制作，效果如图7-58所示。

图7-58

6．制作下拉菜单组件

新建大小为192像素×128像素的画布，使用圆角矩形工具绘制一个圆角矩形，再使用钢笔工具通过添加锚点或删除锚点的方式来制作圆角矩形的折角。在圆角矩形内绘制一个向下的箭头。使用属性栏设置矩形的圆角，调整描边的粗细和颜色，完成第1个图标的绘制。

使用矩形工具绘制一个正方形，再使用钢笔工具添加锚点。通过直接选择工具选择路径并删除的方式制作不闭合的图形，使用属性栏设置正方形的圆角。再使用矩形工具结合钢笔工具绘制一个铅笔图形，然后对其进行旋转后放在正方形的右上角，完成第2个图标的绘制。

使用矩形等工具绘制垃圾桶图标，再使用文字工具输入文字，分别放在3个图标的右侧。最后使用矩形工具绘制一个矩形，填充灰色，并放置在第2个图标及文字的下方（置于底层），完成下拉菜单组件的制作，如图7-59所示。可以在此组件的基础上做修改，完成剩下的下拉菜单组件的制作，如图7-60所示。

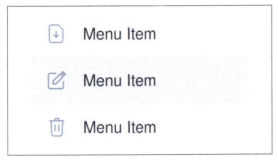

图7-59　　　　　　　　　　　　　图7-60

7. 制作头像组件

新建大小为56像素×56像素的画布，使用椭圆工具绘制头像的头部，使用矩形工具绘制头像的身体，通过添加锚点和调整曲线弧度的方式完善头像的细节。为头像填充深灰色，为圆形填充浅灰色，然后利用内部绘图来遮挡头像身体不显示的部位，制作完成后的效果如图7-61所示。

图7-61

8. 制作开关组件

新建大小为40像素×24像素的画布，使用圆角矩形工具绘制一个圆角矩形，并填充灰色。使用椭圆工具绘制一个圆形，并填充白色，然后将该圆形放置在圆角矩形的左侧，完成开关关闭状态的制作。复制画布，将圆角矩形的填充色改为蓝色，然后将圆形放在圆角矩形的右侧，完成开关开启状态的制作，效果如图7-62所示。

至此，网页组件就绘制完成了。扫描下方的二维码，可以观看本案例详细操作步骤的教学视频。

图7-62

扫码看视频

7.9 同步强化模拟题

一、单选题

1. 以下选项中，不属于组件的优势的是（　　）。
   A. 开发简单　　　　　　　　　　B. 反馈用户
   C. 提高效率　　　　　　　　　　D. 保持一致性

2. 以下选项中，不属于组件具有的特性的是（　　）。
   A. 独立性　　　　　　　　　　　B. 不可复用
   C. 完整性　　　　　　　　　　　D. 可自由组合

3. 按组件的用途，组件通常可以分为（　　）六大类。
   A. 导航、选择器、数据、反馈、基础、其他
   B. 导航、表单、数据、反馈、对话框、其他
   C. 导航、表单、数据、反馈、基础、其他
   D. 导航、表单、数据、反馈、图标、其他

4. 组件化搭建的正确步骤是（　　）。
   A. 整理目录→设计规范→制定模板→生成组件库
   B. 整理目录→制定模板→设计规范→生成组件库
   C. 设计规范→整理目录→制定模板→生成组件库
   D. 设计规范→整理目录→生成组件库→制定模板

二、多选题

1. 以下选项中，属于导航类组件的有（　　）。
   A. 导航菜单　　　　　　　　　　B. 复选框
   C. 面包屑　　　　　　　　　　　D. 进度条

2. 以下有关面包屑类导航组件的描述，正确的是（　　）。
   A. 可以显示当前页面在网站层级结构中的位置，并能向上返回
   B. 告诉用户当前所处的位置，需要向上导航
   C. 适用于层级结构在两级以上的网站
   D. 当页面上的操作命令过多，可以用此组件收纳操作元素

3. 以下选项中，属于表单类组件的有（　　）。
   A. 单选框　　　　　　　　　　　B. 输入框
   C. 对话框　　　　　　　　　　　D. 日期选择器

4. 以下关于表单类组件的描述，正确的是（　　）。

A. 表单主要用于收集、校验和提交数据，由输入框、选择器、单选框和多选框等控件组成

B. 表单将网站的信息架构分组归类并以导航的形式展示给用户，方便用户访问页面

C. 日期选择器属于表单类组件，用于输入或选择日期

D. 下拉菜单属于表单类组件，可以向下弹出列表

5. 以下选项中，属于数据类组件的有（　　）。

A. 气泡卡片　　　　　　　　　　B. 徽标数

C. 走马灯　　　　　　　　　　　D. 时间轴

三、判断题

1. 图标是指具有明确指代含义的位图。（　　）

2. 反馈是指用户做了某项操作后，系统给用户的一个响应。根据应用场景的不同，系统响应的形式和作用也不一样。（　　）

3. 走马灯的作用是在有限的空间内，循环播放图片和文字等内容。（　　）

作业：制作网页卡片

根据7.8节绘制组件的方法绘制作业中的组件，并将组件组合成卡片。

核心知识点： 图形工具组、文字工具、参考线和对齐等。

颜色模式： RGB色彩模式。

分辨率： 72PPI。

背景颜色： 白色。

第 8 章

界面设计

Web产品的界面设计中会应用很多的设计模块,如界面风格、栅格系统、文字处理和界面配色等。优秀的Web产品设计需要将各模块合理安排后,再配合交互功能,使用户拥有良好的使用体验。

8.1 Web界面的流行趋势

网页设计的目的是吸引用户,从而进行信息传达,引导用户完成交互操作。要想有效地传达信息,就需要进行界面设计。界面设计的本质是元素、图形与文字等信息经过合理的版式布局,实现引导视线、促进点击、满足用户需求等功能,在此基础上形成了网页设计的风格,如图8-1所示。

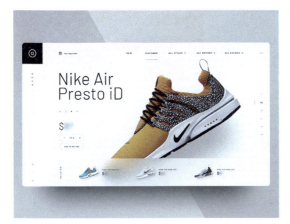 

图8-1

近年来,随着Web技术的发展以及新的设计工具、设计理念等的出现,Web界面设计的风格在不断变化,其多样的变化引领了整个行业新的流行趋势。

1. 极致简约风格

简约的排版和产品细节的展示,营造了沉稳安静的氛围,细节的展示也体现了产品的品质,进而搭建起与用户之间信任的桥梁。例如,以产品细节作为网站的首页,把最关键的内容放置在最醒目的位置,可以有效地突出产品的优势,吸引和感染用户,如图8-2所示。

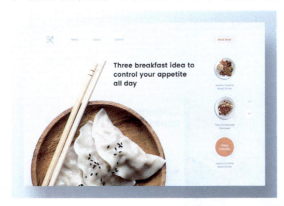 

图8-2

2. 3D风格

在平面的视觉设计中，展示3D的形象，能够令人眼前一亮。在3D风格的设计中，色彩和材质所带来的效果十分具有表现力，是近年来热门的Web界面设计风格之一，如图8-3所示。

图8-3

3. 微交互风格

在画面中增加一些小的交互效果，如悬停、点击、滑动等，使用户可以与网页互动，用有趣的细节激发用户的兴趣，如图8-4所示。

图8-4

4. 2.5D风格

2.5D风格是2D风格与3D风格的融合表现风格。由于近年来出现了很多2.5D风格的游戏，设计行业也开始尝试使用这种风格，并涌现出很多优秀的作品，于是网页设计中也出现了这一风格，如图8-5所示。

图8-5

5. 几何图形元素风格

几何图形元素可以快速构建点、线、面的结构关系,并且搭配方式十分灵活。将几何图形元素应用在网页设计中,与文字、图片和按钮元素相结合,可增加设计的层次感,如图8-6所示。

图8-6

6. 微动画风格

在网页中增加小部分的动画效果,可以给予用户一些小的惊喜,既能为网页增加趣味性,又能有效地引导用户进行操作,如图8-7所示。

图8-7

7. 插画风格

插画风格的表现方式较为多样,如给人轻松愉悦的扁平插画风格,表现诙谐幽默的线条插画风格,以及表现质感和细节的写实风格等,能够增强网站的视觉表现力,如图8-8所示。

图8-8

8. 剪纸风格

通过切割、堆叠、分层、镂空等方式，剪纸风格可有效地突出画面的层次感，因此其经常被应用在科技类型的网页设计中，如图8-9所示。

图8-9

9. 大版式风格

大版式风格是以文字或图片为主要元素，突出版式设计的一种设计风格。例如，通过字体本身字形的表现和图片渲染的氛围，烘托网页要表达的情感与功能，如图8-10所示。

图8-10

10. 梯度风格

梯度风格是在网页设计中，运用色彩、图形、插画等元素，在视觉上进行相互的关联，将上下界面的衔接设计得自然合理，滑动过程顺畅连贯，从而形成的一种设计风格，如图8-11所示。

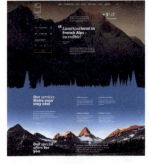

图8-11

8.2 Web界面设计要素

Web界面是由多个模块和元素经过合理的排版组合而成的，想要设计出优秀的界面，吸引用户点击，提高网站的曝光率，就需要结合设计要素合理安排这些模块和元素。Web界面设计要素包括栅格系统、页面布局、文字处理和界面配色等。

8.2.1 栅格系统

栅格系统就是通过水平和垂直的参考线，将版面进行分割，形成规则的格子，以格子为参考来指导版面中各个要素的构成与分布。栅格通常由列和水槽组成，列决定栅格的数量，水槽是指列与列之间的空间，如图8-12所示。通常，水槽宽一般设置为10像素。

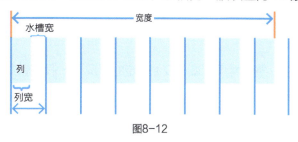

图8-12

1. 栅格规格

在Web界面设计中，栅格系统不仅可以使信息更加条理化，美观易读，而且可以使开发人员的工作更加便利和规范。一般来说，PC端常采用12列，移动端常采用4～8列，列越多，承载的内容越精细，如图8-13所示。

图8-13

2. 组合区域

由于功能需要，也可以将单独的栅格合并形成组合区域进行使用，这样可以大大增加栅格的灵活性与整体性，水槽内也可以放置更丰富的内容，如图8-14所示。

图8-14

3. 列宽公式

在网页的栅格系统中，整体网页宽度（C）确定的情况下，假设想要的栏数为n，根据如下计算公式，可以计算出列宽：

$$C=（列宽+水槽宽）×n-水槽宽$$

通常我们会设定水槽的宽度，从而确定列的宽度。以950像素宽度的页面为例，划分12个栅格，水槽宽设置为10像素，如图8-15所示。根据上述公式有：

950=（列宽+10）×12-10

则可得出列宽为70像素。

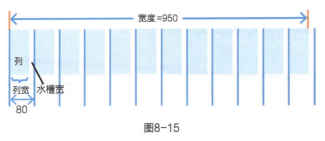

图8-15

8.2.2 界面中的文字处理

界面中大部分信息都是由文字来传达的，文字具备准确性、装饰性、易读性等优势，可以快速指导用户使用网页来获取信息或实现交互目标。因此，文字的作用不容小觑。在界面设计中，文字的处理和排版应注意以下几个问题。

1. 字体不宜过多

过多的字体不仅影响网页整体的美观度，还会造成用户接受信息困难。由于不同的字体无法保证文字大小相同，因此在排版的过程中会影响网页的整体布局。一般网页中使用的字体不宜超过3种，并且对于中英文混合的文字，均需要选择相应的中英文字体，切不可混用，如图8-16所示。

图8-16

2. 衬线字体与无衬线字体的选择

在Web界面设计中，由于衬线字体相较于无衬线字体，在识别度和可读性方面略有不足，所以尽可能地选用无衬线字体。

3. 注意每行文字的数量

每行文字的数量关乎文字的可读性，如果一行中文字过多，会让用户很难注意到每行文字的起点和终点，使用户难以长时间聚焦文字；如果一行中文字过少，会让用户不停地来回扫视页面，破坏阅读节奏。为了避免每行文字过多或过少带来的弊端，通常建议每行承载的文本控制在50~75个字符（中文建议在35~45个汉字），字体大小在14像素左右。从图8-17中可以看出，在不同的屏幕宽度下，每行合适的文字数量会给用户带来更好的阅读体验。

图8-17

4. 字重的选择

字重指字体的粗细程度。在网页设计中，尽量选择字重较为丰富的字体。由于网页的响应式布局，很多字体在不同的设备上显示的粗细、大小是不同的，所以需要选择不同的字重来显示。若通过强行描边来增加字体粗度，会影响字体的结构和显示效果，甚至会导致笔画繁复的字不易被识别问题。

5．字体的选择

尽量选择轮廓清晰、辨识度较高的字体，不要选择添加过多装饰效果的字体。在处理英文字体的时候，尽量不要大段落地使用大写字母，英文字体也需要按照文本的规范来使用。

6．行间距的处理

中文的行间距一般控制在字体大小的1.5~2.0倍，英文的行间距一般是以默认行间距为准。当字体大小为12~14像素时，行距可控制在1.3~1.6倍，此时的视觉效果最佳，如图8-18所示。

图8-18

7．字体颜色

一般情况下，字体颜色需要和背景颜色形成对比，从而使字体从背景中分离出来。按照重要程度和功能，通过字体及字号的设置，将文字与文字拉开层级，以引导用户的浏览顺序。此外，字体的颜色对比不宜过于强烈；考虑到用户可能存在色弱或色盲的情况，也不宜使用红色和绿色。

8．慎重使用闪烁字体

由于网站的功能不同，闪烁的字体可能会影响用户的使用体验，还可能会使用户对网站的品牌产生误解，因此，要慎重使用闪烁字体。

9．字体大小

在中文字体处理的过程中，一般正文的字体大小为12~14像素，小标题的字体大小为14~16像素，大标题的字体大小为16~30像素。当显示设备的屏幕较大时，正文的字体常用16像素，小标题的字体常用18像素，大标题的字体大小可视情况增加字号。英文字体从9像素开始就可以看清，通常相同用途的中文与英文放在一起时，英文字体会小于中文字体，切忌给大段文字使用加粗或斜体效果。图8-19所示为小屏幕时字体大小的效果对比。

图8-19

8.2.3 界面配色

在Web界面设计中，页面的布局、内容和配色决定了网页的呈现效果。用户在网页中浏览的速度很快，想要有接下来的操作，很大程度上取决于网页的版式、信息和色彩3方面的设计效果。

不同的色彩搭配会给用户不同的视觉感受。在Web界面设计中，常用的配色方案如下。

1. 单一色彩搭配

一直以来，黑、白、灰在色彩使用方面都属于非色彩系统色，其他色彩可以与他们进行任意搭配。单一色彩搭配就是选用一种颜色与黑、白、灰颜色搭配。在Web界面设计中，这是常用的配色方案。这样的配色不仅简便，而且容错率较高。其中，颜色的选择可以从网站的功能、展示的图片和产品的特性入手，进而进行灵活应用，如图8-20所示。

图8-20

2. 多色彩搭配

顾名思义，多色彩搭配就是多种色彩进行搭配。该配色方案需要考虑色彩的三要素：明度、色相、饱和度。

（1）明度搭配。

选取一种色相，改变色彩的明亮程度，搭配使用在网页中，能够保持网页色调统一，层次分明，如图8-21所示。

图8-21

（2）色相搭配。

色相是指色彩相互区分的相貌名称。色相搭配就是不同色彩之间的组合。在网页设计中，需要考虑色彩间的关系，如互补色、对比色、同类色、近似色、中差色等。在色相环中，按照位置的不同，划分相应的色彩关系，再根据网页的功能需要选择合适的颜色，如图8-22所示。

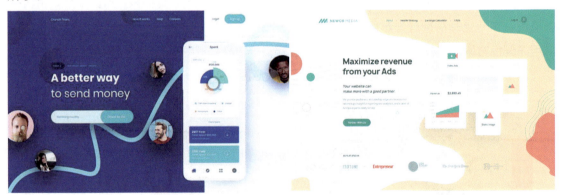

图8-22

（3）饱和度搭配。

饱和度是指颜色的鲜艳程度。饱和度的降低是由纯色变为灰色的过程。网页设计中所使用的色彩，需要保持饱和度基本一致或者有对比关系，如图8-23所示。

在进行界面配色训练时，可以通过一些配色网站学习优秀的色彩搭配，也可以在软件中制作色相环，调整RGB或CMYK的数值来进行色彩三要素的训练，如图8-24所示。

图8-23

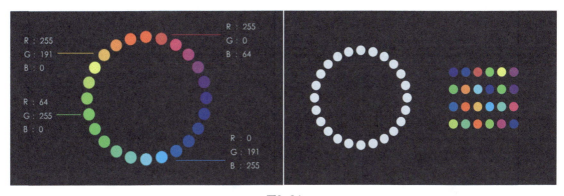

图8-24

8.3 Web界面设计案例

扫码看视频

设计主题： 音乐社交类网站首页设计。

设计背景： 依托好友推荐与社交功能，以分享和发现好音乐为主要功能，以开放式的布局方式设计音乐社交类网站首页，设计风格参考图8-25。本项目的目标用户为海外用户，所以设计为英文网站。

尺寸： 1920像素×1080像素。

颜色： RGB色彩模式。

分辨率： 72PPI。

要求： 使用Photoshop软件进行设计。

图8-25

8.3.1 设计分析

1. 明确网页风格

音乐社交类网站的设计风格，不仅需要表现音乐的魅力，还需要注重朋友间的交流，因此，以亲和、动感、年轻、活力为关键词，搜集相关素材。主要通过浏览优秀的设计作品，总结设计方法，收集图片、元素与信息。网页的版式布局以图片为主，以装饰元素为辅进行设计，增加动感音乐的氛围，突出使用功能，促使用户完成其他操作。

2. 分析产品用户

根据设计背景，进行用户分析。网站的用户年龄集中在15~35岁，用户喜欢音乐，并有独到的见解。用户在选择音乐网站时，参考的是以往的使用经验、朋友推荐、广告等渠道，所以在网站的功能上，要有针对性地满足用户的需求。例如，用户在打开网站时，可能一时不知道听什么音乐，因此就需要突出个性推荐、歌单、主播电台等功能。根据以上信息，分析并制作用户画像，如图8-26所示。

图8-26

8.3.2 绘制过程

1. 新建画板

在Photoshop软件中，新建尺寸为1920像素×1080像素的文档，分辨率设置为72PPI，颜色模式设置为RGB模式，背景颜色设置为白色。

2. 设置栅格

在Photoshop软件中，执行【视图】→【新建参考线版面】命令，在弹出的【新建参考线版面】对话框中设置栅格。【列】设置为12，【宽度】设置为0像素，【装订线】设置为水槽的宽度，即10像素。设置边距时，上边距设置为网页菜单栏的高度，即100像素；左边距和右边距则设置为安全距离，即360像素；下边距设置为0像素，如图8-27所示。

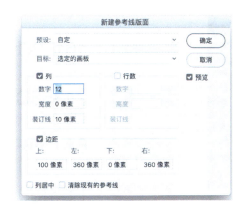 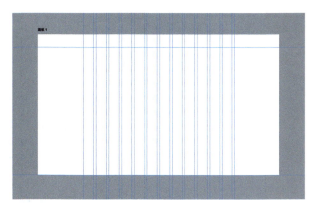

图8-27

3. 页面布局

采用开放式的网页布局方式。所谓开放式的网页布局，就是将各个模块以视觉为主导进行布局，结合大量的留白，打造具有较强对比度的视觉效果。

将页面背景填充为灰色，再把素材库中提供的图片放置在面页当中，以栅格为参考，以左字右图的布局方式进行排版，再添加色块形成层级关系。布局方式与原型图如图8-28所示。

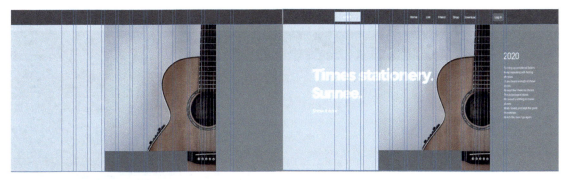

图8-28

4. 调整颜色

音乐类网站需要用活泼、动感的颜色表达网站的风格，因此，在颜色的选择上，偏向使用对比性较强的互补色。在本案例中，将主体色选为深蓝色，辅助色选为橘黄色，再调整两种颜色的明度和饱和度。选择的颜色如图8-29所示。

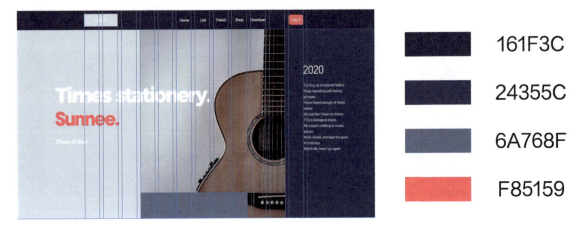

图8-29

5. 细节调整

增加文字或图形，点缀空白模块，调整网站的视觉节奏。在界面中，加入一些网站相关信息，以辅助文字的形式放在界面四周的空白区域，作为界面的说明和空白区域的点缀。线条不仅可以用于引导用户的视觉方向，还可以作为视觉化的非实体模块框架规划界面布局。

最后，加入Logo、文字细节和装饰线条等，最终的界面设计效果如图8-30所示。

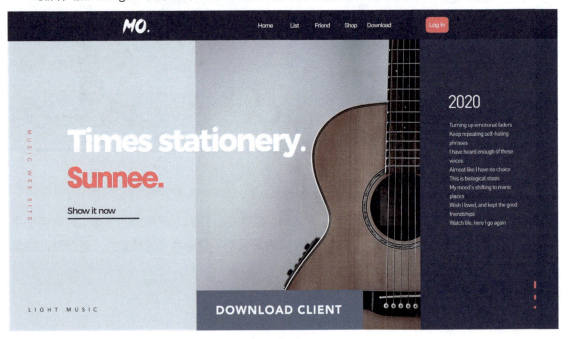

图8-30

8.4 同步强化模拟题

一、单选题

1. 以下对栅格系统描述错误的是（ ）。
   A. 栅格系统就是通过水平和垂直的参考线，将版面进行分割，形成规则的格子，以格子为参考来指导版面中各个要素的构成与分布
   B. 栅格通常由列和水槽组成，列决定栅格的数量，水槽是列与列之间的空间
   C. 由于功能需要，也可以将单独栅格合并形成组合区域进行使用，这样可以大大增加栅格的灵活性与整体性
   D. 一般来说，PC端常采用10列，移动端常采用4～8列

2. 以下关于Web界面中文字处理的描述错误的是（ ）。
   A. 字体不宜过多
   B. 尽可能地选用衬线字体
   C. 注意每行文字的数量
   D. 尽量选择字重较为丰富的字体

3. 根据网页栅格系统中，网页宽度（C）与栏数（n）的关系公式：$C=（列+水槽宽）×n-$水槽宽，计算宽度为1920像素的页面，栏数为12，设水槽宽为10，则列的宽度约为（ ）。
   A. 70   B. 80
   C. 150   D. 100

4. 以下关于界面中文字大小及间距的描述错误的是（ ）。
   A. 中文的行间距一般控制在字体大小的2.0~2.5倍
   B. 英文的行间距一般是以默认行间距为准
   C. 在中文字体处理的过程中，正文内容的字体大小一般为12~14像素，小标题的字体大小一般为14~16像素，大标题的字体大小一般为16~30像素
   D. 显示设备的屏幕较大时，正文的字体常用16像素，小标题的字体常用18像素，大标题的字体大小视情况增加字号

二、多选题

1. 以下哪些选项属于近年Web界面设计方向出现的新设计风格？（ ）
   A. 极致简约风格   B. 3D风格
   C. 2.5D 风格   D. 几何元素风格

2. 以下选项中，属于 Web 界面设计要素的是（　　）。
   A. 栅格系统　　　　　　　　　B. 页面布局
   C. 文字处理　　　　　　　　　D. 界面配色

3. 以下关于近些年 Web 界面设计方向出现的新设计风格的描述正确的是（　　）。
   A. 微动画风格，即在画面中增加一些小的交互效果，如悬停、点击、滑动等，使用户可以与网页互动，用有趣的细节激发用户的兴趣
   B. 剪纸风格，即通过切割、堆叠、分层、镂空等方式，有效突出画面的层次感。这种设计风格经常应用在科技类型的网站设计当中
   C. 插画风格的表现方式较为多样，如给人轻松愉悦的扁平插画风格，表现诙谐幽默的线条插画风格，表现质感和细节的写实风格等，这种设计风格能够增强网站的视觉表现力
   D. 在网站中增加小部分的动画效果，可以给予用户一些小的惊喜，既能为网站增加趣味性，又能有效地引导用户进行操作，这种设计风格称为微交互风格

4. 以下选项中，属于色彩的三要素的是（　　）。
   A. 明度　　　　　　　　　　　B. 不透明度
   C. 色相　　　　　　　　　　　D. 饱和度

三、判断题

1. 以文字或图片为主要元素，突出版式设计，通过字体本身字形的表现和图片渲染的氛围，烘托网站要表达的情感与功能，这种设计风格称为梯度风格。（　　）

2. 网页设计中，运用色彩、图形、插画等元素，在视觉上进行相互的关联，将上下界面的衔接设计得自然合理，滑动过程顺畅连贯，这种设计风格称为大版式风格。（　　）

3. 色相是指色彩相互区分的相貌名称，色相搭配就是不同色彩之间的组合。在网页中，需要考虑色彩间的关系，如互补色、对比色、同类色、近似色、中差色等。（　　）

作业：服装品牌网页设计

根据本章所学知识点，完成服装品牌网页的设计制作。

核心知识点： 栅格系统、文字调整、色彩选择等。

尺寸： 1920像素×1080像素。

颜色模式： RGB色彩模式。

分辨率： 72PPI。

背景颜色： 自定义。

作业要求

（1）使用Photoshop软件设计服装品牌网页，要求有导航栏、商品展示模块，并进行合理的配色和文字搭配。

（2）作业需要符合尺寸、颜色模式、分辨率等要求。

（3）作业提交JPG格式文件。

第 9 章

图像处理

本章主要讲解在Photoshop中图像处理的方法。通过对抠图、修图、调色等方法的学习，读者可以掌握处理图片的技能，解决图片中的常见问题，从而提升Web产品设计能力。

9.1 抠图

抠图是图像处理中最常做的操作之一，即把图片或影像的某一部分从原始图片或影像中分离出来成为单独的图层。抠图的主要目的是换背景。抠图的方法有很多，这里我们主要学习快速选择工具、钢笔工具，以及保存和载入选区的抠图技巧。

9.1.1 快速选择工具组

对象选择工具、快速选择工具和魔棒工具都位于快速选择工具组中，选中这3款工具时，属性栏中都会出现【主体】按钮。单击【主体】按钮后，系统将自动分析画面的主体，然后选中主体的区域。以图9-1为例，画面主体是3只小狗，系统通过分析就自动框选了3只小狗的所在区域。对于一些主体非常明确的图片，使用这个功能可以快速选中主体对象。

图9-1

1. 对象选择工具

对象选择工具是Photoshop 2020版本引入的新功能，使用该工具选择对象的大致区域后，系统将自动分析图片的内容，从而实现快速选择图片中的一个或多个对象。

对象选择工具有两种选择模式，分别是矩形和套索，如图9-2所示。使用对象选择工具时，先选中想要选中的对象的范围，然后使用选区的布尔运算增加或删减选区，这样可以比较精准地选中对象，如图9-3所示。

2. 快速选择工具

快速选择工具的用法与画笔工具类似，选中快速选择工具后，在想要选中的对象上涂抹，系统就会根据涂抹区域的对象自动创建选区。对于对象边缘的细节，可以缩小画笔来选择。快速选择工具调整画笔大小的快捷键与画笔一样，即为中括号键，按左中括号键可以缩小画笔，按右中括号键可以放大画笔。快速选择工具通常用于选择边缘比较清晰的对象，可以轻松做到精准选择，如图9-4所示。

图9-2

图9-3

图9-4

3. 魔棒工具

魔棒工具是基于颜色来创建选区的。以图9-5所示图片为素材，使用魔棒工具在画面的黄色区域单击，系统将自动选择画面中字母外的黄色区域，其效果如图9-6（a）所示。字母缝隙中的黄色区域之所以没有被选中，是因为在魔棒工具属性栏中勾选了【连续】复选框。如果取消勾选【连续】复选框并再次单击画面中的黄色区域，可以看到画面中所有的黄色区域都被选中，如图9-6（b）所示。

图9-5

（a）

（b）

图9-6

在使用魔棒工具时，还需要注意属性栏中的【容差】【对所有图层取样】和【消除锯齿】3个选项的设置，如图9-7所示。

图9-7

容差指的是选择颜色区域时，系统可以接受的颜色范围的大小。设置的容差越大，系统创建选区时选择的颜色范围越大。基于这个原理，使用魔棒工具时，需要根据想要颜色的精准度来设置容差。在涉及对多个图层取样时，需要勾选属性栏中的【对所有图层取样】复选框。【消除锯齿】复选框可用于平滑选区边缘，一般建议勾选。

9.1.2 钢笔工具

钢笔工具是一个非常灵活的工具，使用钢笔工具可以绘制形状、路径以及建立选区。钢笔工具位于工具箱中，是一个钢笔头形状的按钮。单击该按钮即可使用钢笔工具。使用钢笔工具可以绘制直线、曲线等多种线条。

1. 绘制直线

使用钢笔工具在画布上单击创建第一个锚点，再单击创建第二个锚点，两个锚点连接成一条直线，如图9-8所示。

2. 绘制闭合区域

单击创建多个锚点后，在鼠标指针靠近起始锚点时，鼠标指针旁会出现一个小圆圈，此时单击即可形成一个闭合的路径。按快捷键<Ctrl>+<Enter>，即可把路径转换为选区，如图9-9所示。

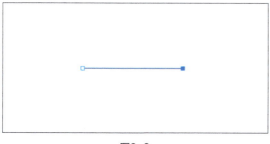

图9-8

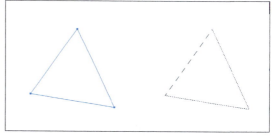

图9-9

3. 绘制曲线

单击创建的第一个锚点时，按住鼠标左键不放，向下拖曳可拉出一个方向控制柄，创建曲线的第一个锚点。接着创建另一个锚点时，按住鼠标左键的同时向上拖曳拉出方向控制柄，即可绘制出一条曲线，如图9-10所示。如果想要结束曲线的绘制，可以按<Esc>键退出绘制状态。创建锚点时,将方向控制柄依次向相反方向拖曳,可以绘制连续的S形曲线,如图9-11所示。

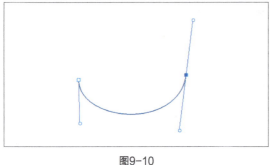

图9-10

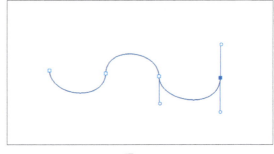

图9-11

在选中钢笔工具的状态下,按住<Ctrl>键可以控制锚点和线段;按住<Alt>键可以控制方向控制柄,改变线条的弧度。如果想要删减锚点,可以把鼠标指针对准想要删除的锚点,当鼠标指针右下角出现一个减号时,单击锚点即可将其删除。

4. 绘制直线和曲线相结合的线段

先绘制一条曲线,单击并向下拖曳出方向控制柄,在旁边的空白位置单击并向上拖曳方向控制柄,调整曲线的弧度。按<Alt>键删除第二个锚点的一个方向控制柄,然后单击创建新的锚点,即可绘制出曲线后的直线线段。如果想要再次绘制曲线,可以按住<Alt>键,在锚点上拖曳出一个方向控制柄,即可继续绘制曲线,如图9-12所示。

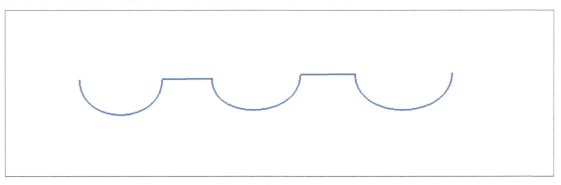

图9-12

5. 绘制连续的拱形

先绘制第一个拱形,然后按住<Alt>键,把下方的方向控制柄调整到相反的方向,接着创建下一个锚点。在创建下一个锚点时,同样按住<Alt>键把下方的方向控制柄调整到相反的方向。重复这样的操作,即可绘制出连续的拱形,如图9-13所示。

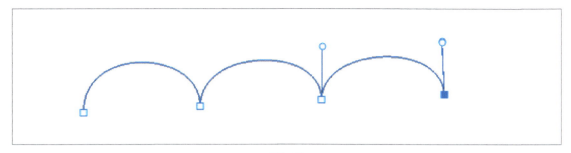

图9-13

下面通过一个案例来讲解钢笔工具的实际操作方法。本案例中使用的素材有背景图片和香水瓶图片，如图9-14所示。使用钢笔工具沿着香水瓶的边缘绘制闭合路径，按快捷键<Ctrl>+<Enter>将香水瓶轮廓的路径转换为选区，再按快捷键<Ctrl>+<J>将香水瓶从背景图层中复制为新图层。使用移动工具将抠选出来的香水瓶放到背景图片中，调整其位置，即可制作出有质感的香水展示图，如图9-15所示。

图9-14

图9-15

使用钢笔工具抠图时，可以将图像放大来提升抠图的精细程度，但是不需要放大太多，放大到能够清晰地看到物体的边缘即可。

9.1.3 保存选区和载入选区

扫码看视频

在Photoshop中可以保存选区，方便使用者后续对选区进行更多的调整。下面将讲解选区的保存和载入方法。

使用魔棒工具选择图9-16中甜甜圈图层的背景区域。选中背景区域后，执行【选择】→【存储选区】命令，在弹出的【存储选区】对话框中，更改选区的名称为【甜甜圈】，单击【确定】按钮，这样选区就被保存下来了。

图9-16

第二次打开这个文件,执行【选择】→【载入选区】命令,在弹出的【载入选区】对话框中选择【通道】中的【甜甜圈】,就可以载入之前保存的选区,如图9-17所示。

保存选区的本质是存储通道,所以可以在【通道】面板中找到保存的选区,如图9-18所示。在【通道】面板中选中并删除保存的选区通道,保存的选区就被删除了。

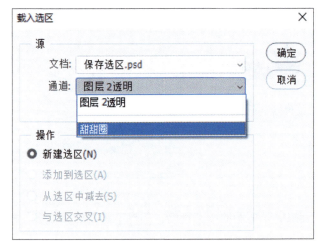

图9-17

图9-18

9.2 修图

使用Photoshop修图,可以美化照片,提升设计的质量。本节主要讲解修图的概念,修图的主要工具和方法,并通过人物形体修图、人物面部修图、产品修图的案例帮助读者掌握修图的思路和技巧。

9.2.1 修图的概念

修图指的是对人物、静物和风光图片进行修饰,此操作在摄影、设计、出版、电子商务等领域被广泛运用。

修图通常可以分为以下几类。

1. 人物形体修饰

以图9-19为例，通过对人物形体的修饰，可以更好地展现服装在人身上的穿着效果，凸显服装的美感，从而促进服装的销售。

图9-19

2. 人物皮肤修饰

对人物的修饰还包括对人物皮肤的修饰。

随着技术的发展，相机的像素越来越高，拍摄人物时，如果图片要用于较大幅面的展示，那么人物皮肤上的瑕疵就会被放大。通过后期修图处理，可以提升人物皮肤的质感，让人物的皮肤状态看起来更好，如图9-20所示。

图9-20

3. 风景修饰

修图还包括对风景的修饰。修图可以让一些美观的场景或绚丽的色彩,在图片中重新呈现出来,如图9-21所示。

图9-21

4. 产品修饰

产品修饰通常指的是对产品的瑕疵(常指工业瑕疵),以及拍摄时的穿帮元素进行修饰,让产品更加突出,同时提升产品的质感和观感,让产品看起来更加美观,如图9-22所示。

图9-22

9.2.2 修图的工具及使用方法

掌握修图的基础知识后,就可以开始动手对图片进行修饰了。下面将讲解Photoshop中常用的修图工具——修复工具和形状调整工具的使用方法。

1. 修复工具

在Photoshop中使用修复工具可以修复图像的污点、瑕疵等。常用的修复工具包括污点修复画笔工具、修补工具、仿制图章工具以及内容识别填充功能。

(1)污点修复画笔工具。

污点修复画笔工具使用的方法非常简单。选中污点修复画笔工具后,调整好画笔的大小,直接在需要修复的位置涂抹,系统将自动修复涂抹的区域,如图9-23所示。在操作过程中,一般不需要更改参数,只需要根据污点或瑕疵的情况调整画笔大小。

图9-23

污点修复画笔工具常用于修复小面积瑕疵,如人面部的痘痘等,或者区域环境单一的物体。若修复面积较大、环境复杂的区域,系统识别容易出现误差。

(2)修补工具。

修补工具与污点修复画笔工具位于工具箱的同一工具组中,如图9-24所示,其使用方法与套索工具类似。选中修补工具后,在画布上圈选需要修复的位置,形成选区,当鼠标指针显示为图9-25所示的形状时,按住鼠标左键拖曳选区,选择与修复区域环境类似的干净区域进行修补,在待修复位置可以看到修补效果,如图9-26所示,图片最终的修复效果如图9-27所示。

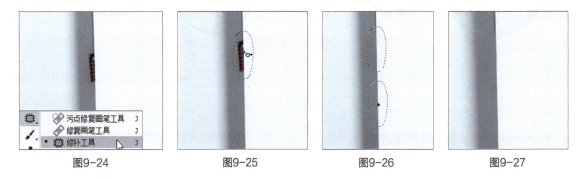

图9-24　　　　图9-25　　　　图9-26　　　　图9-27

使用修补工具时,可以进行选区的增加或删减,以便更精确地操作。按住<Shift>键可以增加选区,按住<Alt>键可以删减选区。

修补工具适用于形状或环境较复杂的情况,在进行大面积修复时效率更高。需要注意的是,修复大面积区域时要尽量精准地选择区域,这样修复的效果更佳。

(3)仿制图章工具。

仿制图章工具是通过取样对图片进行覆盖来达到修复效果的,其在工具箱中的位置如图9-28所示。若想修复图9-28中人物嘴角的痣,在选中仿制图章工具后,需要按住<Alt>键,然后单击取样点进行取样。取样时鼠标指针如图9-29所示。取样后在需要修复的区域涂抹，涂抹时画笔区域将显示图片的覆盖效果，如图9-30所示。画笔旁的十字光标指示的是当前的取样位置。图片修复后的效果如图9-31所示。

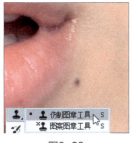 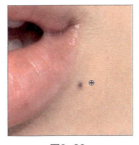 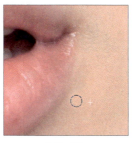 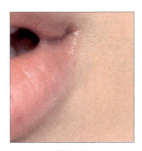

图9-28　　　　　　　图9-29　　　　　　　图9-30　　　　　　　图9-31

使用仿制图章工具时，可在属性栏中调节画笔的不透明度，让修复效果更自然。使用仿制图章工具的关键在于取样点的选择，要尽量选择与目标环境、色调相近的取样点，在使用的过程中取样点可以随时更换或调整。

在人物修图中，仿制图章工具常用于皮肤、汗毛的处理，而且还可用于大面积污点的修复。

（4）内容识别填充功能。

内容识别填充功能是Photoshop中系统自动运算对图像进行修改的调整工具，使用起来特别方便。以图9-32为例，想要去掉图片右边的纸箱，先用套索工具选中纸箱区域，然后单击鼠标右键，在弹出的菜单中选择【填充】命令。这时系统将弹出【填充】对话框，如图9-33所示。在该对话框的【内容】下拉列表框中选择【内容识别】选项即可，填充后的效果如图9-34所示。使用内容识别填充功能时，创建的选区要尽量精准，选区创建得越精准，填充效果越好。

图9-32　　　　　　　　　　　　　　　图9-33

内容识别填充功能常用于修复环境相对简单的物体，如去掉图9-32中墙边的纸箱，而图中的书包所处环境复杂，系统将无法计算效果。

以上就是常用的几种修复工具的使用方法和适用范围。在实际操作时，一定要灵活运用这些工具，在不同的情况下使用不同的工具，这样可以提高工作效率，更好地完成修复工作。

图9-34

2. 形状调整工具

扫码看视频

形状调整工具指的是两个命令：一个是【自由变换】命令，另一个是【液化】命令。使用这两个命令都可以改变对象的形状。

（1）【自由变换】命令。

【自由变换】命令的快捷键是<Ctrl>+<T>，在修图工作中主要用来移动画面或改变画面的形状。

以图9-35为例，使用【自由变换】命令可以放大图像，调整主体人物在画面中所占的比例，优化构图，如图9-36所示。同时，在自由变换的状态下，借助图9-37所示的参考线，按住<Ctrl>键，控制单个控点，可以调整画面歪斜的情况，如图9-38所示。

图9-35

图9-36

图9-37　　　　　　　　　　　　　　图9-38

使用【自由变换】命令可以调整人体的比例。如果想让图9-35中的人物变得修长一些，可以使用矩形选框工具选中人物的腿部区域，按快捷键<Ctrl>+<T>对选区图像进行自由变换，按住<Shift>键的同时向下稍微拉长图像，效果如图9-39所示。此外，还可以通过更改透视进一步调整比例。按快捷键<Ctrl>+<T>进入自由变换状态后，单击鼠标右键，在弹出的菜单中选择【透视】命令，然后将图片左上角或右上角的控点稍微向图片中央拉近，模拟出低视角拍摄的效果，让人物看起来更加修长，如图9-40所示。

图9-39　　　　　　　　　　　　　　图9-40

（2）【液化】命令。

【液化】命令位于【滤镜】菜单中，快捷键是<Ctrl>+<Shift>+<X>。顾名思义，液化就是把图片变成液体一样的效果，可以对其随意地调整形状和位置。【液化】命令通常用于处理人物或产品的外轮廓形状。

扫码看视频

选中图层后,按快捷键<Ctrl>+<Shift>+<X>,系统将自动弹出【液化】界面,如图9-41所示。在界面的左边是【液化】工具组,包括各种液化工具,选择一种工具后,右边的【属性】面板中将出现该工具对应的参数。

图9-41

在【液化】工具组中最常用的是向前变形工具,其使用方法与画笔工具类似,在画面上拖曳出需要调整的区域即可。需要注意的是,使用向前变形工具时,要将画笔调整得比调整区域稍大一些,这样可以避免多次拖曳,并且变形效果会更加自然。例如,若要调整图9-42中人物腰间衣服的褶皱,可使用向前变形工具,将画笔大小调节到比褶皱区域稍大一些,再向内拖曳画笔,效果如图9-43所示。

图9-42

图9-43

使用向前变形工具时，一般需要设置【浓度】和【压力】参数，参数值设置得越大，图像变化程度越大；参数值设置得越小，图像变化程度越小。修饰人像一般需要进行细微的调整，因此这两个参数会相应调节得小一些。

左推工具和向前变形工具类似，区别在于使用左推工具在调整的边缘涂抹时，整条外轮廓线会一起调整。处理左边的外轮廓需要从上至下进行涂抹，处理右边的外轮廓需要从下至上进行涂抹。

较常用的液化工具还有膨胀工具。使用膨胀工具可以对图片进行放大，在进行人物修饰时，可以放大人物的眼睛，如图9-44所示。

图9-44

此外，【液化】工具组中还有重建工具、平滑工具等辅助工具。使用重建工具可以还原液化效果，使用平滑工具可以优化边缘过渡。

9.2.3 人物形体修图

本案例主要用到的是液化工具，难点在于需要根据人物形体构造对人物的身材进行调整。

1. 分析原图

图9-45所示的是一个外国模特，总体来说该模特的身形没有太大的问题，但需要对细节进行刻画。这张图有两个明显的问题需要处理。第一，因为模特过瘦，轮廓显得过于分明，而且身体与手臂的比例不太协调，无法体现女性柔美的外轮廓。第二，需要对模特的S形曲线进行优化，让其形体更加柔美、协调。

2. 调整整体轮廓

对人物形体进行修饰时，一定要遵循从大至小的顺序，也就是先从整体的身高比例开始调整，再调整四肢、脸以及五官。如果不遵循这个顺序，就难以把握人体的比例关系。在本案例中，首先对模特的S形曲线进行调整。按快捷键<Ctrl>+<Shift>+<X>进入【液化】界面，使用向前变形工具，将画笔大小调节得相对大一些，把模特的腰调整得细一些，同时把模特的臀部曲线稍微向外拖曳。

处理完模特的身形后，就可以处理模特的四肢。在本案例中主要是处理模特手臂的区域。可以简单地将模特的上臂外侧记忆为M形，最上面是一条弧线，然后微微凹陷。接着是一条弧度更小的弧线。这是上臂大致的肌肉形状，根据这个形状进行调整即可。小臂只有一条弧线，到手腕前有一个微微的凹陷。小臂的弧度通常比上臂小一些，这样人看起来会比较瘦。手臂内侧的外轮廓基本上就是一条平滑的弧线。

处理四肢时一定要注意，人身上是没有直线的，所以对人的外轮廓进行调整时，一定要留下一点微弱的弧度。整体轮廓处理后的图片效果如图9-46所示。

图9-45

图9-46

3. 调整脸形

图中模特的脸过于消瘦，会削弱女性的柔美感，所以这一步需要把模特下颌角的弧度处理得更加柔和。在调整时，还需要注意下巴的形状，将下巴拐角处稍微向外调整。几乎所有人的下巴都不是绝对对称的，在生活中不会觉得有什么问题，但是一旦记录为静态图像后，下巴的不对称问题就会显得非常明显，因此修图时一定要注意下巴的对称问题，让其看起来尽可能对称。脸形调整后的图片效果如图9-47所示。

图9-47

4. 调整细节

在调整模特大轮廓时，需要随时把画笔缩小，以便处理细节。

要注意衣服上的细小褶皱。如果衣服上有明显的凸起，会有赘肉感，因此需要把明显的凸起抹平，模特才会更显优雅。衣服上的花纹也容易暴露身材的缺陷，如果模特的腹部有凸起，那么衣服的花纹也会被撑大，这种情况可以使用褶皱工具将花纹的形状稍微缩小一些，如图9-48所示。这样肚子看起来就会小很多。

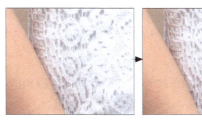

图9-48

调整完手臂后，可以顺便调整一下手指。人的胖瘦程度会影响手指的粗细，如果只调整手臂而不对手指进行同步的调整，上肢看起来就会非常不协调。

在处理脸形时，一定要处理发型，让头发的形状和脸形看起来协调一些。

细节调整完成后，图片效果如图9-49所示。

图9-49

9.2.4 人物面部修图

扫码看视频

本案例将讲解人物面部修饰的方法。

因为人的美丑主要还是取决于人的面部状态,所以除了要学会处理人物形体,还要学会处理和修饰人物的面部。本案例将对外国模特的脸部特写(见图9-50)进行修饰。

1. 调整脸形和五官

对人物的脸形和五官进行调整主要使用的是【液化】工具组中的向前变形工具。

这一步是对人物面部的对称性的调整和对一些细节的优化,如对模特的头发形状完整程度的调整,对脸颊两边颧骨、下颌角、下巴的调整等。因为模特是女性,所以处理面部外轮廓时可以弱化明显的棱角,使其线条相对柔和一些。

处理完脸形后,再对五官进行调整,主要是把五官向标准型调整,以及处理对称的问题。例如,模特的眼睛特别大,会显得内眼角的形状不够完整;模特的外眼角比内眼角要低,会显得没有精神,这些问题都可以进行微调。

使用液化工具处理细节时,可以适当地将图片放大,这样可以更好地观察局部细节变化,同时也要随时把图片缩小,看一下整体的状态,不要破坏三庭五眼的比例。调整脸形和五官后,图片效果如图9-51所示。

图9-50

图9-51

知识拓展：三庭五眼

衡量脸部的美丑还有一个非常重要的五官标准——三庭五眼。三庭五眼的比例如图9-52所示。

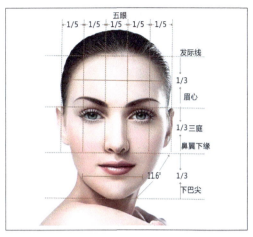

图9-52

三庭是指将脸的长度，即从头部发际到下颌的距离，分为3份，从前额发际到眉心、眉心到鼻翼下缘、鼻翼下缘到下巴尖各分为一份，每一份称为一庭，一共三庭。五眼是指脸形的宽度分为5只眼睛的长度，两只眼睛的间距为一只眼睛的长度，两侧外眼角到耳朵各有一只眼睛的长度。

一个好看的人的面部比例、五官位置一定是符合三庭五眼标准的。修图时，需要观察人物面部特征，依据三庭五眼来衡量是否需要调整面部轮廓和五官的位置关系。

2. 修复瑕疵

调整完脸形和五官后，再使用污点修复画笔等工具，对模特脸上的瑕疵进行修复，包括痘痘、斑点、眼袋、眼白上的红血丝等。

3. 调整皮肤的明暗

人物脸上或身体看起来凹凸不平是因为光线明暗分布不够均匀，这一步将对模特皮肤的明暗进行调整。

这里用到一个常用的人物皮肤修饰方法——新建图层，然后给图层填充明度为50%、饱和度为0的灰色，再将图层混合模式改为柔光。这时图片是没有任何变化的。接下来可以使用画笔工具在画面中进行涂抹，白色画笔涂抹的区域会变亮，黑色画笔涂抹的区域会变暗。为了让调整效果更自然，画笔工具的流量数值可以设置为1%~5%。面部偏亮的区域涂抹黑色，面部偏暗的区域涂抹白色，通过这样的方式可以让人物面部的明暗分布更加均匀，效果如图9-53所示。

4. 调整皮肤的细节

下面进一步处理皮肤细节，让人物面部看起来更加干净。这里使用的是图章工具。新建图层，然后选择图章工具，将图章工具的不透明度调整为10%~15%，样本选择【当前和下方图层】；接着在人物的面部进行取样和涂抹，这样可以得到类似磨皮的效果，如图9-54所示。

图9-53　　　　　　　　　　　　　　图9-54

5. 调整细节

调整好皮肤的整体质感后，就可以对细节进行调整了，如使用图章工具等修复唇部的瑕疵；使用【曲线】命令调整图层和蒙版，加强眼部高光等。调整细节后，图片效果如图9-55所示。

6. 整体调色

最后还需要对图片的整体色调进行调整。使用【曲线】命令调整图层，增强整体的对比度，以及提亮高光区；使用【可选颜色】命令调整图层，选择皮肤区域的黄色和红色，降低黄色参数，提高青色参数，让皮肤更接近欧洲人的冷色调，更显白皙。调色后的图片效果如图9-56所示。

图9-55

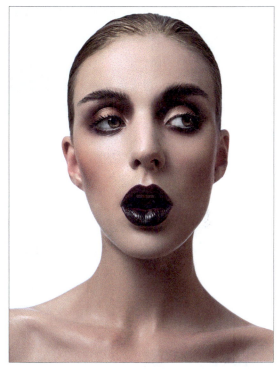
图9-56

9.2.5 产品修饰

本案例将讲解修饰产品的方法。

产品修饰通常是指对拍摄的产品图片进行后期处理,让产品看起来更干净、更有质感,从而在观感上提升产品的品质,提高消费者的购买欲望。对产品的修饰大致分为两类,一类是对产品瑕疵的处理,这包括了产品本身的瑕疵和拍摄环境的穿帮等;另一类是对产品质感的提升。

1. 分析原图

图9-57是一张眼镜广告图。因为想要在一个画面中呈现更多的眼镜,所以拍摄时使用铁丝对多个眼镜进行串联,其中穿帮的铁丝需要后期处理。此外,由于拍摄角度的问题,镜片的反光并不明显,无法突出镜片的质感,因此后期需要对它的质感进行加强。

2. 修复拍摄穿帮

修饰拍摄穿帮主要用到的工具还是修复工具。处理产品时,有一个特别好用的技巧,就是在进行较精细的修饰时,需要制作相对精细的选区,这时就需要使用钢笔工具进行抠图。

制作好选区以后,接下来需要运用图章工具进行修补。使用图章工具时,需要在修复的区域周围取样，尽量让修复的颜色没有明显偏差，同时要随时改变取样点，让颜色更加均匀。穿帮的铁丝修复后的图片效果如图9-58所示。

3. 提升产品质感

产品质感的加强通常用高光来表现。首先还是需要把产品能够产生质感的区域选择出来。这里使用钢笔工具抠选镜片，创建选区。接着新建图层，使用渐变工具制作镜片的反光效果。以黑色镜片的眼镜为例，先制作镜片上半部分从黑色到透明的渐变，再制作相反方向的从白色到透明的渐变。将反光效果的图层创建为图层组，再更改其不透明度，让效果变得自然。提升产品质感后的图片效果如图9-59所示。

图9-57

图9-58

图9-59

4. 整体调色

修复产品瑕疵和提升质感后，一般还需要对图片整体调色。如果产品是由金属和镜面等材质构成的，通常情况下可以让图片整体色调稍微偏冷一些，这样金属材质和镜面感会更加明显。在本案例中使用【色彩平衡】命令调整图层来给图片添加冷色，调整的幅度根据图片情况自行控制。一定要注意，不要把数值调得太大，否则产品本身的颜色就会发生明显的变化，影响产品本身的色彩呈现。整体调色后的图片效果如图9-60所示。

图9-60

9.3 调色

在拍摄照片时，由于各种原因，拍出来的照片色彩无法和眼睛看到的实物图一样漂亮，这就需要在Photoshop中通过后期调色来调整，而且Photoshop不仅可以还原色彩，同时还可以让图片的色彩更具表现力。本节通过对调色概念、调色工具的使用方法的学习，读者能够掌握调色的常用技巧。

9.3.1 调色的概念

调色指的是在Photoshop中对图片的色彩进行调整。在实际操作中一定要注意，一旦要调色，那指的绝对不只是对色彩本身进行调整，它还包含了对图片的影调和色彩的同步调整。

影调指的是图片的亮调、暗调、灰调。所有图片的色彩都是基于影调来呈现的，有了明暗关系，色彩才能够更好地呈现。色彩是传达情绪的语言，在实际工作中，不要过多考虑图片调成什么色彩好看，要更多地考虑图片的信息传达。信息传达准确了，图片一般就不会太难看。

举一个例子，烛光晚餐在人们心中应该是温馨、浪漫的场景，因此食物以暖色的方式呈现，看起来就会让人有食欲。而图9-61的整体色调偏冷，让人没有食欲。通过色彩调整后，图9-62还原了烛光晚餐温暖的感觉，从而提升了图片的美感。

图9-61

图9-62

调色除了可以改变图片的信息传达，还可以改变图片的品位。例如，图9-63是一张彩色图片，因为整个画面中颜色比较鲜艳，过于明亮，看起来比较俗气。而直接把图片调成黑白色，再加上明暗调的处理，整张图片就被赋予了时尚感，如图9-64所示。

图9-63　　　　　　　　　　　　　图9-64

调色也可以让图片的复古氛围更加明显。例如，图9-65原本是一张普通的照片，而调色过后就能得到图9-66所示的油画效果。

图9-65　　　　　　　　　　　　　图9-66

调色可以让图片中时间的氛围更加明显。例如，图9-67是在夕阳下拍摄的，但是从图片上看并没有傍晚的氛围。那么通过色彩的调整，让黄色的阳光变成橙色，让灰色的天空变成蓝色，加强饱和度和色相之间的对比，夕阳的氛围变得更加明显，如图9-68所示。

图9-67

图9-68

9.3.2 调色的命令及使用方法

掌握色彩的基础知识后,就可以开始动手给图片调色了。本节将讲解Photoshop中的【调整图层】按钮的使用方法,以及常用的调色命令——曲线、色相/饱和度、色彩平衡、可选颜色和黑白的使用方法。

1. 调整图层与调色命令

在Photoshop中使用【调整图层】按钮或调色命令都能进行调色。【调整图层】按钮位于【图层】面板,如图9-69所示;调色命令位于【图像】菜单下的【调整】子菜单中,如图9-70所示。【调整图层】按钮与【调整】命令的功能基本一致。

图9-69　　　　　　　图9-70

【调整图层】按钮与调色命令最大的差别在于,使用调色命令对图片进行调整,其改变是不可逆的,会破坏原来图片的像素,属于破坏性编辑。而使用【调整图层】按钮对图片进行调整,所有的调色结果都将放在一个新的图层上,属于非破坏性编辑。因此,对图片进行比较复杂的调色处理时,建议使用【调整图层】按钮。【调整图层】按钮结合蒙版,可对图片的局部进行精细调整,操作起来更加方便,而且还便于后续的修改和编辑。

2.【曲线】命令

【曲线】命令是常用的调色命令之一,几乎可以满足所有的调色需求,需要重点掌握。使用【曲线】命令可以调整图片的明暗和色彩。

扫码看视频

（1）认识曲线。

给图片添加曲线调整图层后，【属性】面板中将出现曲线调整的坐标轴，以RGB模式为例，如图9-71所示。这里简单地讲解一下曲线坐标轴中横轴和纵轴代表的含义。

横轴代表原图的亮度，从左到右依次是暗调、中间调和亮调。纵轴代表调整后图片的亮度，从下到上依次是暗调、中间调和亮调。横轴上还显示着一个"山"形的直方图，展示原图各个亮度上分别存在多少像素。

（2）曲线中的对角线。

曲线中间有一条对角线，操作曲线其实就是调整对角线的位置。在对角线上单击就可以建立一个控制点，上下拖曳控制点可以调整图片的亮度。

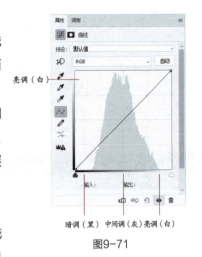

图9-71

将控制点向上拖曳，对角线就会移动到原来位置的上方，图片就会变亮；将控制点向下拖曳，对角线就会移动到原来位置的下方，图片就会变暗，如图9-72所示。

使用对角线调整图片时，一定要上下拖曳，不要左右拖曳。一旦将控制点左右拖曳，说明图片调整的目标还不明确。

在对角线上创建控制点代表的是控制画面哪个影调的部分，主要对应的是横轴。例如，图9-73中的控制点代表调整的是图片的亮调，控制点向上调整就是让亮部变亮。

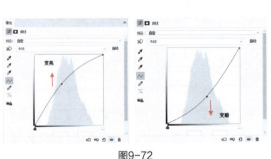

图9-72

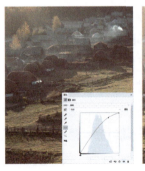

图9-73

（3）用曲线进行局部调整。

调整后，图片不仅亮部变亮了，整体也都变亮了，这是因为曲线调整的不只是一个控制点，对角线上的其他控制点也向上调整了。如果只想调整局部，可以在对角线上增加多个控制点。在上面的例子中，如果只想调整亮部，保持暗部不变，可以在暗部增加控制点，并将暗部的曲线调整回原对角线的位置，如图9-74所示。

对角线上创建的控制点越多，调整得越细致。但创建的控制点不是越多越好，调整的控制点太多了，图片就会失真。通常在亮调、中间调、暗调3个位置创建控制点进行调整就足够了。

（4）用曲线增强图片的明暗对比。

遇到较"灰"的图片，可以通过调整最亮和最暗的控制点来增强明暗对比，让图片看起来更清晰，如图9-75所示。

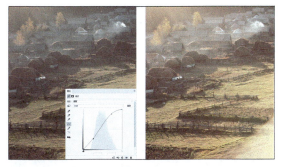
图9-74

图9-75

（5）用曲线调整色相。

除了调整影调，在【曲线】面板中还能针对不同的颜色通道进行调色。以RGB的红色通道为例，将曲线向上调整，图片会变红，如图9-76所示。其他通道的调色方法依次类推。使用曲线调整色相时，同样也可以创建多个控制点实现细节的调整。

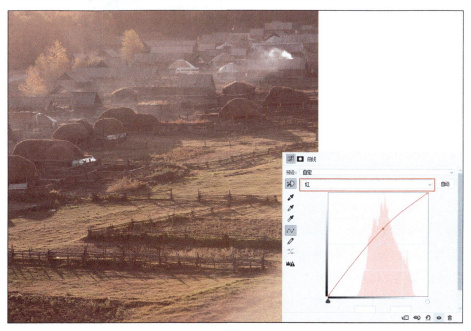
图9-76

179

3.【色相/饱和度】命令

【色相/饱和度】命令主要用于调整色彩三要素——色相、饱和度和明度。给图片添加【色相/饱和度】调整图层后,【属性】面板如图9-77所示。

调整色相可以改变图片的颜色,对图9-79调整色相后的效果如图9-78所示。

扫码看视频

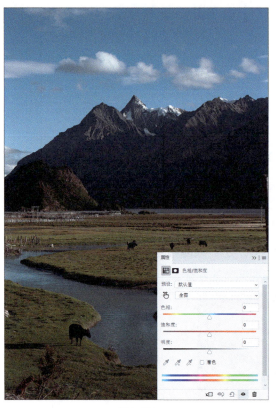

图9-77

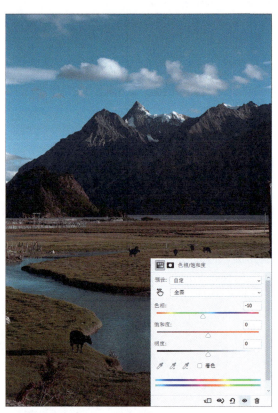

图9-78

调整饱和度可以改变色彩的鲜艳程度,对图9-77提升饱和度后的效果如图9-79所示。

调整明度可以改变色彩的明暗程度,对图9-77提升明度后的效果如图9-80所示。这里需要注意,色相/饱和度中的明度指的是颜色的明暗,而不是影调的明暗,与使用曲线提亮图像有很大区别。使用明度"调亮"将导致颜色丢失,图片变"灰"。

在实际操作中,很少对图片的整体色相进行调整,进行局部微调居多。如果希望调整图9-77中的草地颜色,可在【属性】面板中选择【黄色】(因为图中草地颜色偏黄,所以选择【黄色】,而不是【绿色】),再调整其色相,如图9-81所示。

图9-79

图9-80

图9-81

扫码看视频

4.【色彩平衡】命令

【色彩平衡】命令是最简单的调色工具,常用于图片颜色的整体或局部细微调整,如照片的冷暖色调的调整等。给图片添加【色彩平衡】调整图层后,【属性】面板如图9-82所示。

使用【色彩平衡】命令调色时，调整需要改变的颜色参数即可，如想将颜色调整得偏红一点，就将调节滑块向红色的方向移动。

图9-82是一张中间调照片，没有明显的冷暖色调倾向。通常情况下，一个吸引人的画面都需要有一个明确的冷暖色调。结合这张照片的内容，偏冷色会更符合其整体氛围。在【色彩平衡】面板中增加青色和蓝色，就可以增加照片的冷色调，如图9-83所示。

在【色调】下拉列表框中选择【中间调】时，调整的并非图像的中间调部分，而是图像整体的颜色；选择【高光】时，图像亮部区域变化更大；选择【阴影】时，图像暗部区域变化更大。最下方的【保留明度】复选框一般默认勾选，若不勾选，调整颜色时只有颜色发生变化，图像的明暗是不变的，这样图像看起来会很脏。

图9-82

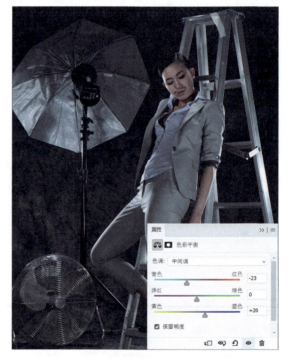

图9-83

5.【可选颜色】命令

【可选颜色】命令是Photoshop调色工具中不需要做选区就可以对局部进行调整的工具之一，通常用来调整一些边缘复杂，但是颜色与其他区域色相相距较大的区域。给图像添加【可选颜色】调整图层后，【属性】面板如图9-84所示。可选颜色源于印刷调色，因此以CMYK的参数进行调整。

扫码看视频

用【可选颜色】命令调色的方法很简单，选择想要调整的颜色区域，拖曳对应的参数滑块即可。例如，如果想要降低图9-84中红土地的饱和度，可在【颜色】下拉列表框中选择【红色】，再增加青色的参数(在CMYK模式下没有【红色】选项，青色是红色的互补色，增加青色即减少红色)，调整效果如图9-85所示。想要用好【可选颜色】命令，需要熟悉颜色的补色关系。

图9-84　　　　　　　　　　　　　　图9-85

　　【可选颜色】面板中的前3个参数，即【青色】【洋红】【黄色】参数用于调整色相，而【黑色】参数用于调整颜色的明暗，也就是明度。

　　【可选颜色】面板下方的【相对】和【绝对】单选按钮用于控制颜色的调整程度。如果需要重度调整，可选择【绝对】单选按钮；如果仅需要轻度调整，可选择【相对】单选按钮。

　　使用【可选颜色】命令进行调整时，如果想让颜色变化更明显，可以调节多个参数。以图9-84为例，想要调整植物的色调，让图片主体呈现出统一的暖色调，可增加【可选颜色】调整图层，选择植物的颜色区域，减少青色，增加少量洋红，增加黄色，调整效果如图9-86所示。注意，调整植物时，不仅可以调整绿色，还可以调整黄色，本案例中调整黄色部分变化会更大。

图9-86

6.【黑白】命令

　　【黑白】命令用于将图片调整为黑白效果。如果想让图片变成黑白色，为其

扫码看视频

添加【黑白】调整图层即可。给图片添加【黑白】调整图层后,【属性】面板如图9-87所示。

图9-87

在Photoshop中,把一张图片变为黑白色的方法还有很多,如直接把饱和度降到最低,或者使用【编辑】→【调整】→【去色】命令。推荐使用【黑白】调整图层,因为【黑白】调整图层除了把图片变为黑白色,还可以进一步对画面中的影调,也就是明暗进行调整。

图片变成黑白色后,容易让人感觉图像变"灰",立体感降低,这是因为颜色也保存了明暗信息,去掉颜色后,图片便丢失了明暗对比。使用【黑白】调整图层,可以调整局部黑白效果的明暗,增强对比度。以图9-87为例,原图中黄色部分带有光的质感,显得更亮,在调整时,可以增加黄色的亮度,同时降低原天空区域蓝色的亮度,达到增强对比的效果,如图9-88所示。

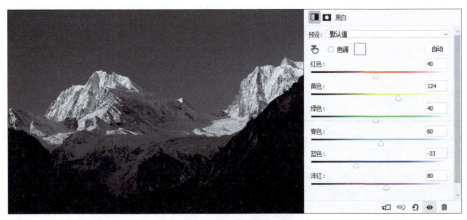

图9-88

9.4 同步强化模拟题

一、单选题

1. 以下对调整画笔大小的快捷键的描述正确的是（   ）。
   A. 按左中括号键可以缩小画笔，按右中括号键可以放大画笔
   B. 按左大括号键可以缩小画笔，按右大括号键可以放大画笔
   C. 按左尖括号键可以缩小画笔，按右尖括号键可以放大画笔
   D. 为圆括号键，按左圆括号键可以缩小画笔，按右圆括号键可以放大画笔

2. 以下关于魔棒工具的描述错误的是（   ）。
   A. 魔棒工具是基于颜色来创建选区的
   B. 容差指的是选择颜色区域时，系统可以接受颜色范围的大小
   C. 设置的容差越大，系统创建选区时选择的颜色范围越小
   D. 在涉及对多个图层取样时，需要勾选属性栏上的【对所有图层取样】选项

3. 以下关于仿制图章工具在图像中取样的描述正确的是（   ）。
   A. 在取样的位置单击鼠标并拖曳
   B. 按住<Alt>键的同时单击取样位置
   C. 按住<Shift>键的同时单击取样位置来选择多个取样像素
   D. 按住<Ctrl>键的同时单击取样位置

二、多选题

1. 以下属于快速选择工具组中的工具的是（   ）。
   A. 对象选择工具   B. 快速选择工具   C. 魔棒工具   D. 矩形选框工具

2. 以下选项中，属于Photoshop中常用的修复工具的是（   ）。
   A. 污点修复画笔   B. 修补工具   C. 仿制图章工具   D. 内容识别填充功能

3. 以下关于内容识别填充功能描述正确的是（   ）。
   A. 内容识别填充功能是Photoshop中系统自动运算对图像进行修改的调整工具
   B. 内容识别填充功能常用于修复环境复杂的物体
   C. 使用内容识别填充功能时，创建的选区要尽量精准，选区创建得越精准，填充效果越好
   D. 内容识别填充功能的使用步骤：先使用套索工具选中待修改的区域，然后单击鼠标右键，在弹出的菜单中选择【填充】选项，在【填充】对话框的【内容】下拉列表中选择【内容识别】即可

4. 以下选项中，属于Photoshop中常用的调色工具的是（　　）。
A．曲线　　　　　　B．色相/饱和度　　C．色彩平衡　　　　D．可选颜色

三、判断题

1. 使用污点修复画笔时，需要对图像进行取样。（　　）

2. 自由变换功能的快捷键是<Ctrl>+<T>；液化功能在【滤镜】菜单中，其快捷键是<Ctrl>+<X>。（　　）

3. 通过调色命令对图片进行调整，其改变是不可逆的，会破坏原来图片的像素，属于破坏性编辑。而使用调整图层，所有的调色结果都将放在一个新的图层上，属于非破坏性编辑。（　　）

4. 在Photoshop中把一张图片变为黑白色的方法有很多，如直接把饱和度降到最低，或使用【编辑】→【调整】→【去色】命令。（　　）

作业：人物修图

使用提供的素材完成人物的修饰和调色。

核心知识点： 人物形体的修饰。

尺寸： 自定义。

颜色模式： RGB色彩模式。

分辨率： 72PPI。

作业要求

（1）对提供的人物素材进行修图处理（只允许使用提供的素材）。

（2）作业需要提交JPG格式文件。

（3）人物形体修饰需要符合人物形体美学，人物的皮肤瑕疵需要进行调整。

提供的素材

完成范例

第 10 章

运营设计

互联网市场竞争越发激烈,各种运营活动的创意设计也层出不穷,使得用户对互联网产品的视觉设计要求越来越高,"运营设计"应运而生并成为热门职业。本章通过对运营和运营设计的概念、运营设计的分类和特点、高效运营设计方法等内容的讲解,并辅以典型的案例,帮助读者了解运营设计的基本知识,掌握运营设计的方法。

10.1 运营和运营设计的概念

互联网市场环境千变万化,为了实现拉新、留存、促活、转化的目标,就要不断策划很多有创意的专题运营活动。要想活动能抓住用户心理需求,吸引用户参与,运营设计尤为重要。优秀的运营设计同时也会加深用户对品牌的认知度,提升品牌价值。

1. 运营是什么

运营是一项从内容建设、用户维护、活动策划3个层面来管理产品和用户的职业。简单来说,运营就是负责已有产品的优化和推广,如图10-1所示。

2. 运营设计是什么

运营设计是围绕产品的优化和推广所做的一系列的设计,目的是吸引用户参加活动,或者加深用户对互联网产品的印象,产生参与行为。因此,设计师在保证运营活动画面的美感的同时,还需要具备运营思维,如图10-2所示。

图10-1

  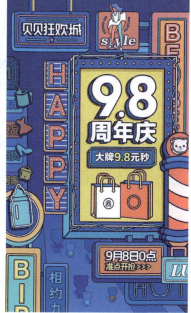

图10-2

10.2 运营设计的分类和特点

为了经营和推广产品,企业需要策划很多活动。根据不同的宣传周期和运营目的,可以将运营设计分为活动运营专题设计和品牌运营专题设计。

10.2.1 活动运营专题设计

活动运营专题设计的生命周期短,主要是为了拉动转化率而策划的即时性活动,大促、节日、福利的运营专题都属于这类,如6·18、双11等运营专题。设计风格上需要有较强的视觉冲击力,用色大胆,设计元素夸张,能够有效刺激用户购买,提高购买转化率,如图10-3所示。但是这类设计风格不适合长周期运营,元素繁多的设计容易造成视觉疲劳。

图10-3

10.2.2 品牌运营专题设计

品牌运营专题设计的生命周期长,主要是针对产品的某个系列做专属的展示,指向性更明确,它能够辅佐产品官网,巩固和加深用户对产品的信任感。设计风格上简洁、大气,设计元素沉稳,颜色通常使用标准色。

品牌运营专题设计比较适合响应式网页构架。响应式网页构架的优势在于可以适配不同的终端,并且不影响视觉效果。考虑到响应式构架的特点,在设计品牌运营专题时都会采用首屏大图或大篇幅背景底色,让专题页在任何终端上都占据首屏的显示位置,从而吸引用户眼球,如图 10-4 所示。

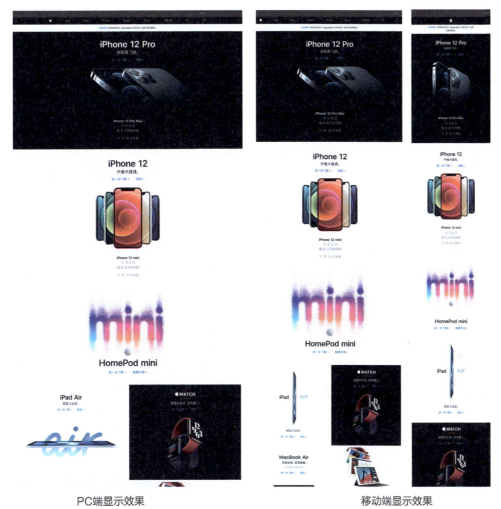

图10-4

品牌运营专题的规范性设计、干净简练的设计元素、沉稳的色彩，使用户在浏览时观感较为舒适，因此适合长周期运营，但由于品牌运营的侧重点在于宣传品牌，所以运营氛围会相对弱一些。

10.3 高效做运营设计的方法

互联网的更新迭代迅速，市场的竞争激烈，工作量大且设计制作时间短，这些因素都要求设计师的工作效率要非常高，所以如何在紧迫的环境下高效率地完成高质量的设计作品成为设计师急需解决的问题。首先，在拿到设计项目时需要对项目进行分析，只有思路清晰，目标明确，才能高效地完成设计作品。

10.3.1 项目分析

设计师需要跟产品或运营经理沟通、了解活动的主要目的,这样有助于设计师有一个正确的思考方向。

运营活动通常有如下4个目的。

(1)拉新。推广产品,进行品牌曝光,提高产品的下载量和注册量,增加更多的新用户。

(2)留存。产品上线后,用户的留存率是运营的重要任务,通过精准的个性化运营,建立和维护用户关系,收集用户反馈并完善产品,培养用户的行为习惯。

(3)促活。用户的留存率稳定后,就需要做好用户活跃度,做活动就是一个很好的促活方式。可以通过节假日促销、网络促销或日常促销等活动形式提高用户活跃度,如图10-5所示。

(4)转化。运营的最终目的是实现营收。实现用户转化、变现的方式通常有就运营位收取广告费,提供增值服务,让用户购买相对应的增值产品。对于电商产品来说,研究用户的行为习惯很重要。例如,用户将某商品放入购物车却没有购买,根据这一行为可以提供优惠券,刺激用户的购买行为。

了解运营活动的目的后,接着需要了解运营活动所针对的目标群体。群体不同,使用的设计风格也不一样。例如,针对青少年用户,设计风格要活泼、积极向上,如图10-6所示;针对女性用户,设计风格则可以柔和、小清新;针对男性用户,设计风格则要体现张力等。只有精准了解了用户,才能将设计风格基本确定下来。

图10-5

图10-6

知道用户类型以后,进而分析用户行为习惯、爱好和兴趣等,得出创意思路。将创意思路转换为关键词,通过关键词搜寻参考图,为设计执行做准备。

10.3.2 设计执行

为了让用户一目了然地看到重要信息,所以运营设计的文案信息量不会太大。运营设计的内容主要包括活动主题、辅助信息、主视觉图。

设计执行的第一步:构图方式

按照文字与图片的关系,构图方式可以分为左字右图、左图右字、左中右构图、上下构图和文字主体构图,如图10-7所示。

左字右图

左图右字

左中右构图

图10-7

上下构图

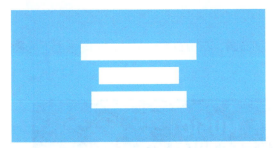

文字主体构图

图10-7（续）

按照主视觉图的构图形式，构图方式可以分为方形构图、圆形构图、三角形构图和线形构图。

方形构图：空间利用率最高，适合信息量大的页面，如图10-8所示。

圆形构图：圆润饱满，适合活泼、欢快的主题，如图10-9所示。

三角形构图：有指示的意思，倾斜的角度也会带来速度感，适合时尚运动品牌或体现速度感、刺激的主题，如图10-10所示。

图10-8

图10-9

图10-10

线形构图：运用线的元素，让版面更有层次，也起到分隔版面的作用。还可以通过线来引导用户的浏览顺序，如图10-11所示。

图10-11

设计执行的第二步：文字设计

字体设计在很多设计中都起到了重要作用，在运营设计中也一样，可以增强视觉效果，提升设计品质。为了迎合快节奏的运营设计，可以运用字体设计技巧缩短设计时间。常用的字体设计技巧有字库造字、矩形造字、钢笔造字和手绘造字。

1. 字库造字

根据活动主题的风格，选择一款适合的字库字体作为基础字，通过对笔画的添加、删减或置换的方法使字体具有设计感。

笔画的添加常用的方法是在横、竖、撇、捺的笔画端点进行添加，如添加尖锐的三角形；笔画的删减常用的方法是断笔，将笔画的连接处断开；笔画的置换常用的方法是将字体的某一笔画置换为图形，如图10-12所示。

基础字　　　　笔画添加　　　　笔画删减　　　　笔画置换

图10-12

2. 矩形造字

同样根据活动主题的风格，选择一款适合的字库字体作为基础字，根据主题需要将字体进行拉伸或压扁，再通过矩形在基础字上拼接字体，如图10-13所示。

图10-13

需要注意的是，笔画简单的字体，可以用粗细相同的矩形来拼接；笔画复杂的字体，拼接时则要遵循5个原则：横细竖粗、副细主粗、内细外粗、密细疏粗、交叉变细。

3. 钢笔造字

使用钢笔造字会有一些难度，需要对字体结构有一定的了解，这样在构建字体时才会比较自然。在对笔画处理时，需要根据主题进行笔画变形，可以是连笔、断笔、改变字体重心、笔画省略、笔画重复等。

在前期构思阶段，可以先在纸稿上绘制草图，再将草图转移到软件上进行处理，如图10-14所示。

图10-14

4. 手绘造字

手绘造字需要设计师具有一些书法功底或字体基础,但也可以在字库字体的基础上进行手绘造字。选择一款手绘字体,然后使用手绘板直接在基础字上进行临摹,利用软件的其他工具,如使用宽度工具增加笔画效果,让手绘字体更随性,如图10-15所示;或者使用钢笔工具描线,再替换笔刷,使文字效果符合活动主题。

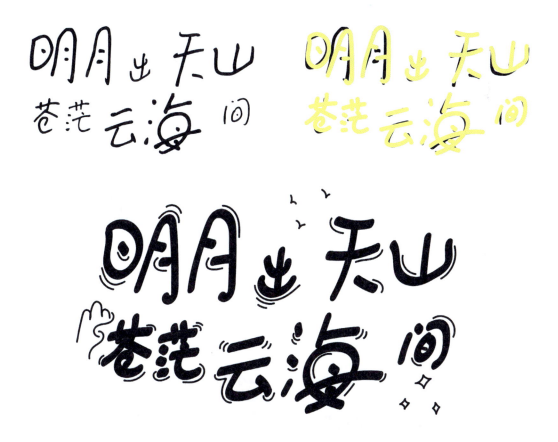

图10-15

设计执行的第三步:配色设计

整体画面构建好以后,需要为元素着色。在运营设计中,色彩是不可缺少的,并且色彩是最能直观传达情感的表现方式之一。若配色合理,既能突出设计重点,又能使整个画面和谐统一,如图10-16所示。在设计过程中,常用的高效配色方法有运用色环、主题联想、搜寻色彩和色彩渐变。

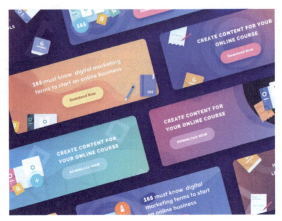

图10-16

1. 运用色环

运用色环挑选颜色的方法有如下5种。

单色搭配：使用同一个颜色，通过改变饱和度或者明度来调节颜色，在同一个颜色当中也能产生不同的变化，如图10-17所示。单色搭配的优点是不容易出错，缺点是比较单调，不出彩。

相似色搭配：搭配使用色相环上彼此相邻的2个或者3个颜色，如图10-18所示。

互补色搭配：搭配使用色相环上彼此相对的颜色，如图10-19所示。

图10-17

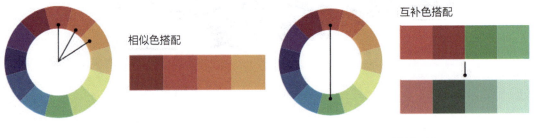

图10-18　　　　　　　　　　图10-19

三原色搭配：搭配使用色相环上距离基本相等的3种颜色，在色相环上形成一个等边三角形，如图10-20所示。

四原色搭配：搭配使用色相环上距离基本相等的4种颜色，在色相环上形成一个矩形，可以将其中一个颜色作为主色，其余颜色作为辅色，如图10-21所示。

图10-20   图10-21

2. 主题联想

根据项目的创作主题方向进行联想，可以在相对应主题的优秀摄影作品、游戏场景、插画、室内设计等图片中吸取颜色，如图10-22所示。例如，从浪漫的樱花照片中吸取色彩来营造柔和、温馨、甜蜜的气氛，从火红喜庆的新年装饰品中吸取颜色来烘托热闹、喜气、欢乐的新年气氛。

图10-22

3. 搜寻色彩

通过在网络上搜索配色图片或者通过色彩搭配网站得出颜色搭配方案，也是简单有效的配色方法。还可在花瓣网等网站上搜索配色，网站会罗列出很多的配色图片，从中选择适合项目的配色方案进行应用。例如，在图10-23所示的配色网站中，在左侧模板中选择一个颜色模板，右侧会显示具体的配色方案。

接着再为颜色定义主色、辅助色和点睛色。主色的用色面积最大，其次是辅助色，点睛色的用色面积最小。

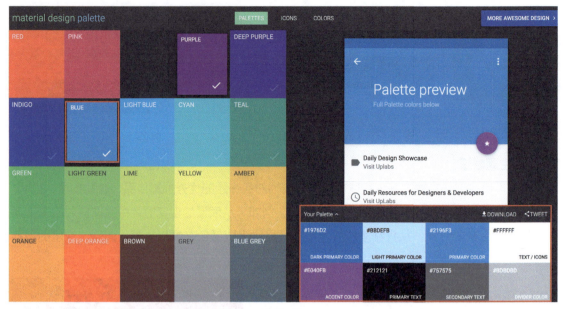

图10-23

追波网也是UI设计师经常访问的网站。该网站上主要为界面作品、图标作品，以及一些插画作品。单击页面右上角的【Filters】按钮，会弹出一栏选项，单击【Color】选项框，在弹出的颜色列表中选择任意一种颜色，如图10-24所示，网站则会罗列出使用该颜色的其他作品，如图10-25所示。

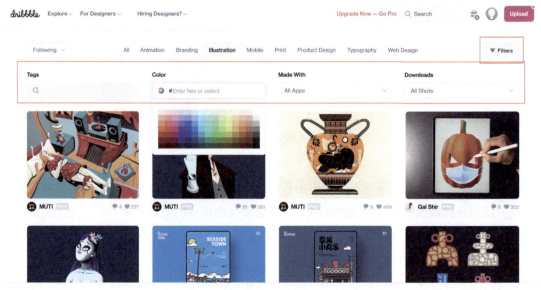

图10-24

第10章 运营设计

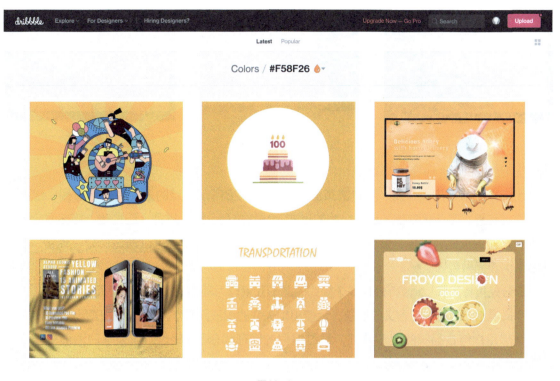

图10-25

4. 色彩渐变

色彩渐变是通过使用两种或多种不同的色彩来进行色彩创作，在颜色交界处会有很自然的过渡效果，能产生以前不存在的色彩感觉。在项目中使用色彩渐变，可以让项目色彩更加丰富，使画面更有趣，从而加深用户的视觉印象，如图10-26所示。同时，使用色彩渐变也可以更好地强化物体的明暗关系，使物体具有立体感，如图10-27所示。

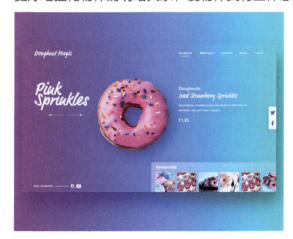

图10-26

201

图10-27

设计执行的第四步：装饰搭配

装饰搭配指运用点、线、面装饰页面，如图10-28所示。点的形式有网格布局、线性布局、随机布局、半调化和粒子组合；线的形式有线性排列、面化排列、结构化、粗细混合和异性组合；面的形式有拼接、叠加、伪3D和层级化。除此之外，还可以通过拆分、释义、联想的方法为页面做装饰搭配。

拆分是指将品牌Logo拆分为多个简约的图形元素作为辅助图形搭配在页面中。

释义是指结合品牌的含义或形象，延伸出相关联的图形元素作为辅助图形搭配在页面中。

联想是指结合品牌的图形特征，通过相似的图形代替品牌Logo作为辅助图形搭配在页面中。

图10-28

10.4 运营设计综合案例

本节通过健身品牌运营设计、音乐节活动运营设计两个案例来详细讲解运营设计的思路及完整的设计过程。

10.4.1 品牌运营设计

扫码看视频

本案例是健身品牌运营设计,需要为该健身品牌新出的一款App做推广。设计一个长条网页,页面一共分五屏,每一屏的尺寸为1920像素×1080像素。设计元素要简洁、干净和干练,并且品牌的统一性很重要,所以整体颜色以品牌标准色和品牌辅助色为主。完成效果如图10-29所示。

图10-29

具体的制作过程如下。

1. 新建文档

在Illustrator中新建文档,尺寸为1920像素×5600像素。分别在1080像素、2160像素、3244像素、4324像素、5404像素的位置做参考线,如图10-30所示。

2. 首屏设计

(1)首屏的最顶端是导航栏,故使用矩形工具创建一个尺寸为1920像素×90像素的矩形,填充深紫色作为导航栏的底色,目的是起强调作用。导航栏内放置品牌Logo、首页等信息,如图10-31所示。

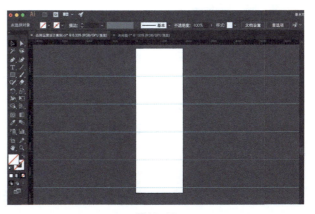

图10-30

图10-31

203

（2）首屏主图选用了大尺寸的人物跑步形象并放在页面右侧，左侧摆放品牌Logo和标语，以及两个操作按钮。操作按钮使用圆角矩形工具创建，然后利用【渐变】面板填充渐变色，单击渐变滑块，在弹出的面板中改变渐变颜色，使图形颜色由浅紫色到深紫色渐变，效果如图10-32所示。

图10-32

3. 第二屏设计

（1）文字部分设计。为了使内容信息明确，层级清晰，之后的每屏中，有文字信息的部分都会采用相同的设计形式，即在文字部分填充一个白色的背景，紫色和白色交叉分布，使整个长条页的颜色节奏更加明快。文字信息居中对齐，文字两端用矩形线条做装饰，在中文文字下方放置一个浅色的英文打底，使文字版式更有层次。主标题字号大于次标题，字体颜色同样使用紫色，色调保持统一，效果如图10-33所示。

图10-33

（2）产品图的排版。将产品图等距摆放至第二屏。使用矩形工具绘制与页面同宽的矩形，放在产品图下方，然后填充深紫色，使整体页面色调得到延续。为了加强模型之间的关联性，引导视觉走向，可以在模型之间制作一个逐渐消失的指示方向的三角形。使用多边形工具绘制两个三角形，第一个三角形的透明度设置为100%，第二个三角形的透明度设置为20%，两个三角形中间要有一定的距离。选中这两个三角形，使用混合工具分别单击，这时在两个三角形之间就会出现透明度逐渐减弱的三角形。双击混合工具，根据画面需要调整指定步数。指定步数越少，过渡的图形越少。最终效果如图10-34所示。

图10-34

4. 第三屏设计

（1）第三屏是具体的内容介绍，上半部分摆放图标和文字信息，同样填充一个白色底。在各自内容的上方放置对应的图标，图标与文字垂直居中对齐。为第一个栏目文字做悬停效果，即鼠标指针放上去时的状态。使用椭圆工具绘制一个圆形，填充白色，然后为白色圆形做投影。使用矩形工具绘制一个与文字等宽的细长矩形，并填充紫色。

扫码看视频

（2）第三屏的下半部分选用一张满屏的人物运动图作为配图，如图10-35所示。

图10-35

5. 第四屏设计

第四屏继续介绍产品,文字部分的设计与颜色延续第二屏的设计。根据产品界面的特征,使用钢笔工具勾勒曲线做装饰;使用渐变描边效果,让画面更具有动感。在"分钟/公里""用时""千卡"的文字上方放置对应的图标,为画面增添细节,效果如图10-36所示。

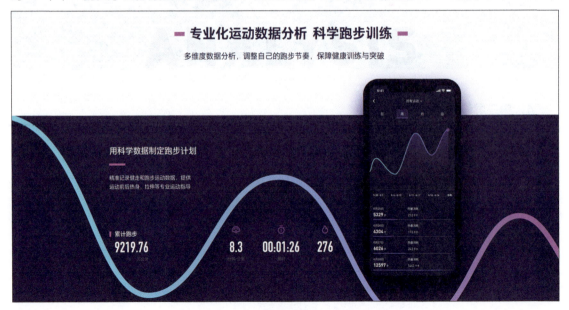

图10-36

6. 第五屏设计

第五屏为产品界面展示。使用椭圆工具在背景中绘制圆环，让这一屏的界面富有装饰性。另外，整个页面的模型都做了投影效果，使用矩形工具绘制与手机模型差不多大小的矩形，并做羽化效果。注意：羽化颜色不要使用黑色，因为黑色显脏，可以使用比底色饱和度和明度高一些的颜色，如紫色。选中矩形，打开外观面板，把图形的【混合模式】设置为【正片叠底】，最终效果如图10-37所示。

图10-37

7. 页脚设计

在页面底部创建一个高度为200像素的页脚，颜色与导航栏颜色统一，首尾呼应。将公司的相关信息放置在页脚的合适位置，如图10-38所示。

图10-38

10.4.2 活动运营设计

扫码看视频

本案例是一个音乐节活动运营设计，为一个即将到来的音乐节做活动运营页。具体的设计过程如下。

1. 绘制草图

通过头脑风暴思考有哪些元素可以用在音乐节运营图中，如唱歌的人、各种各样的乐器、音符、装饰性的植物等。想到这些元素之后，将人物作为主体，吉他、键盘、萨克斯、小号等乐器作为相关元素，植物和音符作为辅助元素，然后在纸上勾勒出草图。将草图拍照或者扫描上传到计算机，如图10-39所示。

2. 元素勾线

把变成电子版的草图在Illustrator中打开，将图片置于底层，锁定图层，避免移动。使用钢笔工具对每一个元素分别进行勾线。勾线的时候，每一个图形都要完全闭合，这样便于填色，效果如图10-40所示。

图10-39　　　　　　　　　　　　　　图10-40

3. 确定配色方案

（1）为勾好线的插画确定配色方案，以蓝色为主色调，红色为辅助色，黄色为点睛色。将背景铺满深蓝色，为人物头发、衣服以及部分叶子填充浅蓝色，飘散的头发和余下的叶子填充一个介于浅蓝色和深蓝色之间的颜色，使颜色有层次变化，效果如图10-41所示。

（2）为人物的皮肤填充肉色；为腰带填充红色，和蓝色衣服形成色彩对比；为电子琴键盘填充淡红色；为话筒、琴键填充黑色；为小提琴填充红色；为萨克斯填充黄色，其按键以及阴影部分填充深黄色，营造立体感；为萨克斯飘出的波浪面的"音符"填充浅蓝色，至此整个画面的大色块绘制完成，效果如图10-42所示。

图10-41　　　　　　　　　　　　　　图10-42

4. 丰富细节

调整植物叶脉的颜色，用小短线装饰，增加肌理感。至此，主视图部分就制作完成了，效果如图10-43所示。

图10-43

5. 文字设计

运用钢笔造字法进行文字设计。首先在纸稿上画出草图,对应不同活动图的尺寸,设计横版和竖版两种文字方案,如图10-44所示。将文字草图拍照并上传到计算机,在Illustrator中使用钢笔工具勾线。在【描边】面板中设置端点,选择【圆头端点】,边角选择【圆头连接】,效果如图10-45所示。

图10-44

图10-45

6. 排版

将主题文字和活动信息进行排版，为了使文字部分的色调与主视图色调统一，文字选用蓝色。主题文字做了双重描边处理。选择主题文字，设置描边颜色为深蓝色，按<Ctrl>+<C>组合键复制文字，按<Ctrl>+<F>组合键原位粘贴文字，设置描边颜色为黄色，描边大小比蓝色描边要小1pt。打开【描边】面板，【端点】选择【平头端点】，最终效果如图10-46所示。

图10-46

7. 制作运营图

根据应用的场景，制作各种不同尺寸的运营图。描边字体在放大或者缩小的时候，粗细会产生变化，这时就需要对描边大小做出相应的调整，调整的效果如图10-47所示。

图10-47

10.5 同步强化模拟题

一、单选题

1. 以下选项中,不属于运营活动目的的是( )。
   A. 拉新 　　　　　　　　　　　B. 构图
   C. 留存 　　　　　　　　　　　D. 促活

2. 以下活动不属于活动运营专题设计的是( )。
   A. 双11 　　　　　　　　　　　B. 父亲节
   C. 某品牌周年庆 　　　　　　　D. 6·18

3. 运营设计执行的正确顺序为( )。
   A. 构图方式、文字设计、配色设计、装饰搭配
   B. 构图方式、配色设计、装饰搭配、文字设计
   C. 配色设计、构图方式、文字设计、装饰搭配
   D. 配色设计、文字设计、装饰搭配、构图方式

二、多选题

1. 运营是一项从( )层面来管理产品和用户的职业。( )
   A. 内容建设 　　　　　　　　　B. 运营思维
   C. 用户维护 　　　　　　　　　D. 活动策划

2. 运营设计的内容主要包括( )。
   A. 推广产品 　　　　　　　　　B. 活动主题
   C. 辅助信息 　　　　　　　　　D. 主视觉图

3. 按照文字与图片的关系,构图方式可以分为( )。
   A. 左字右图 　　　　　　　　　B. 左图右字
   C. 左中右构图 　　　　　　　　D. 上下构图
   E. 文字主体构图 　　　　　　　F. 不规整构图

4. 按照主视觉图的构图形式,构图方式可以分为( )。
   A. 方形构图 　　　　　　　　　B. 圆形构图
   C. 三角形构图 　　　　　　　　D. 线形构图

5. 运用色环挑选颜色的方法包括( )。
   A. 单色搭配
   B. 相似色搭配

C. 互补色搭配

D. 三原色搭配

E. 四原色搭配

三、判断题

1. 活动运营专题设计的生命周期短，主要是为了拉动转化率而策划的即时性活动，大促、节日、福利的运营专题都属于这类。（　　）

2. 品牌运营专题设计的生命周期长，主要是针对产品的某个系列做专属的展示，指向性更明确，它能够辅佐产品官网，巩固和加深用户对产品的信任感。（　　）

3. 线的形式有网格布局、线性布局、随机布局、半调化和粒子组合。（　　）

4. 联想是指结合品牌的图形特征，通过相似的图形代替品牌Logo作为辅助图形搭配在页面中。（　　）

作业：旅游类页面Banner设计

主题名称： 偷个周末，背上行囊去旅行。

核心知识点： 主视图的绘制、文字的设计、文字与图形结合、图文排版等。

尺寸： 1065像素×390像素。

颜色模式： RGB色彩模式。

分辨率： 72PPI。

背景颜色： 自定义。

作业要求

（1）Banner文案必须包含主标题和一段说明文字。主标题已确定，需要自拟一段说明文字，主视图必须以插图形式绘制。

（2）作业需要符合尺寸、颜色模式、分辨率等要求。

（3）图文排版整洁美观，主题突出明确。

第 **11** 章

Web产品首页设计案例

本章主要讲解Web产品首页的设计过程。在Web产品的设计过程中,需要根据Web设计规范进行文档的设置、栅格的设置和文档的输出,还需要运用前面所学的精准选中对象的方法对图像进行处理,运用文字工具创建文本,运用图层样式给页面按钮增添质感等。

11.1 页面布局

在流量越来越贵的背景下，来到首页的每一个用户都弥足珍贵，所以在Web产品的设计中，首页设计至关重要。首先，在首页设计上要降低用户认知门槛，因此首页只需露出最重要的关键信息，尽量做到在首屏说清业务和优势。其次，页面布局要简洁、明了，栏目的设置要让用户能以最快的阅读速度了解业务的"全貌"。品牌网站的首页大多会采用首屏大图或大篇幅的背景底色的方式，这样设计的好处是既可以吸引用户眼球，又能第一时间让用户知道网站的业务方向。本案例为一个宠物护理的英文网站首页设计，图11-1是本案例的完成效果。本案例实现的关键操作步骤参见11.1.1节至11.4节内容。扫描二维码，可以观看本案例详细操作步骤的讲解视频。

扫码看视频

图11-1

11.1.1 处理素材

在这个网页中最主要的素材是小狗图片。先使用多边形套索工具将小狗的轮廓大致选择出来，这一步不用选得特别细致，后面还将对此选区进行调整。因为小狗是有毛发的动物，所以需要使用"选择并遮住"功能来选择它的毛发。做好选区后，在属性栏中单击【选择并遮住】按钮，使用调整边缘画笔工具沿着毛发的区域进行涂抹即可。选区调整完成后，将素材输出为图层蒙版，如图11-2所示。

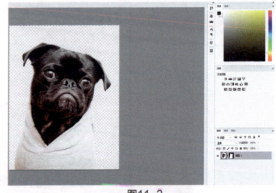

图11-2

11.1.2 新建文档

在Photoshop中，新建尺寸为1920像素×750像素的文档，分辨率设置为72像素/英寸，颜色模式设置为RGB颜色，背景设置为白色，如图11-3所示。

图11-3

11.1.3 设置栅格

执行【视图】→【新建参考线版面】命令，设置栅格。在【例】组合框中，将【数字】设置为12，【宽度】设置为0像素，【装订线】设置的是水槽的宽度，即为10像素。设置边距时，上边距为网页菜单栏的高度，设置为100像素；左、右边距则设置为安全距离，即360像素；下边距设置为0像素，如图11-4所示。栅格在画布上的效果如图11-5所示。

栅格设置好后就可以基于栅格来进行网页设计了。注意：可以执行【视图】→【锁定参考线】命令，将参考线锁定，防止参考线在后续的操作中被误操作而移动。

图11-4　　　　　　　　　　　　　　　　图11-5

11.1.4 调整图片

使用移动工具，将处理好的素材移动、复制到网页设计文档中，再使用自由变换功能，使其大小占据5个栅格。图片素材放置好后，再设置背景。在背景图层上增加一个新的图层，并使用渐变工具给新图层绘制从下到上的渐变色，渐变色为肤色到浅肤色，肤色吸取小狗衣服上深色的部分，浅肤色吸取小狗衣服上浅色的部分。

由于这个小狗图片有景深，衣服的部分有虚化效果，而抠选素材时，它的边缘变清晰了，所以需要对小狗的衣服边缘做自然过渡的处理。在小狗图层上方新建图层，使用涂抹工具将边缘涂抹得更加自然，涂抹的范围主要是衣服的边缘。处理完成后的整体效果如图11-6所示。

图11-6

11.2 制作导航栏

首先将素材中提供的Logo图片置入，使用自由变换功能将其调整为两个栅格的大小，并放置在导航栏的左上角。然后制作导航栏左边的文字，每一个按钮的文字在素材文档中都有提供，可以直接复制、粘贴使用。使用文字工具一个一个地创建点文字，字体选择为非衬线体，字号设置为16点，颜色吸取Logo中的绿色。将这些文字图层进行顶对齐，并让它们位于对应栅格的中间。

由于制作的是网页首页，所以"HOME"的文字部分需要做一些特殊处理。选中文字后，将字体设置为同系列的粗体。在这一列对应的栅格顶部增加一个矩形来表示当前选中的状态，矩形的尺寸为80像素×12像素，填充颜色使用Logo中的绿色。

导航栏制作完成的效果如图11-7所示。

图11-7

11.3 添加文字和按钮

在设计排版文字时，首先要分清内容结构，进而用设计手法把内容层级清晰地展现，即标题语言简练，设计醒目，与说明文字要形成明显的对比，让用户在浏览页面时能快速看清网页所要表达的内容。作为放在首页上的按钮，一定要设计出明显的交互性，让用户知道这个按钮是可以点击的，并且放置在醒目的位置。

11.3.1 添加主副文字

使用文字工具创建段落文本。主文字的字体设置为较粗的非衬线字体，字号设置为72点。为了凸显主文字，其颜色设置得深一些，如#333333。主文字分为两行，占左边的7个栅格。

接着使用文字工具创建副文字。副文字使用与主文字同系列的较细的非衬线字体，字号设置为18点，颜色与主文字相同。副文字同样占7个栅格，与主文字对齐。由于副文字行数较多，因此在【段落】面板中设置两端对齐且最后一行左对齐，使文字排版看上去更加整齐。主副文字调整完成后的效果如图11-8所示。

图11-8

11.3.2 制作按钮

使用圆角矩形工具绘制宽度为388像素、高度为80像素、圆角半径为80像素的圆角矩形。绘制完成后将其描边设置为【无】，颜色设置为绿色。圆角矩形的宽度约为4个栅格。为了提升按钮的立体感和空间感，使用图层样式功能为圆角矩形增加渐变填充和阴影效果。

按钮背景制作好后，使用文字工具添加按钮文字。字体设置为较粗一些的非衬线字体，字号设置为30点，颜色设置为附近吸取的背景颜色。

按钮制作完成后的效果如图11-9所示。至此这个网页的视觉效果就制作完成了。

图11-9

11.4 输出文件

保存一个PSD格式的源文件，方便后续的修改。保存源文件后，还可以输出预览文件。预览文件可用于项目沟通展示。方法：执行【文件】→【导出】→【存储为Web所用格式】命令，导出为JPG格式文件即可。同时，还需要将网页中的元素导出。方法：执行【文件】→【导出】→【将图层导出到文件】命令，文件格式设置为【PNG-24】，即可导出网页上所有的元素，并保留元素中的透明部分。

11.5 拓展知识：Web详情页设计

详情页多用于介绍产品信息，突出产品特色。通过设计师的视觉化设计手段，详情页可以提高转化率，所以详情页的设计在电商设计中至关重要。详情页的构图和版式不需要很复杂，干净整齐的画面更利于视觉表达，用户能够更快捷地获取有用信息。

11.5.1 常用的详情页设计形式

在详情页设计中,由于产品的不同,如食品、电器和图书等,详情页设计的侧重点也会有所不同,下面介绍几种常用的详情页设计形式,旨在为读者提供设计思路,提高工作效率。

1. 分屏制作

采用竖屏的设计思维,分屏制作,即在电子设备上浏览详情页时,每次向下滑动屏幕,在屏幕上呈现的都是完整的一屏内容,这样不仅利于信息的传递和视觉效果的提升,还能兼顾移动端展示。在无法预测用户的使用场景时,设计上能兼顾多平台是最好的选择。图11-10所示为分屏制作的详情页效果。

2. 善用图标元素

如果文案中有数字、项目符号、编号,可以做特殊处理,或者把数字放大,因为大字号的数字和英文能起到很好的装饰作用。还可以利用项目符号和编号来增添细节,使整体画面在统一的前提下又不显得单调,同时关键词和关键数据也起到很好的突出强调作用,如图11-11所示。

3. 利用配图吸睛

根据详情页文案选图时,通常会采用两种配图形式:一种是以产品为中心配图,另一种是关键词配图,这两种形式也可以结合使用。虽然详情页是以介绍产品为主,但每一部分都出现产品图,会让人感觉枯燥,所以需要配合文案关键词来作为配图参考,如图11-12所示。

4. 有深有浅的配色

在整体画面不需要完全深色或浅色的情况下,尽量做到整体模块有深有浅,让画面富有节奏感,视觉上有轻重之分,避免大面积的深色或浅色。可以通过改变其中某个模块的背景色将大面积的深色或浅色隔开,从而形成视觉上的轻重之分,如图11-13所示。

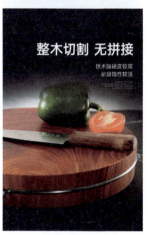

图11-10

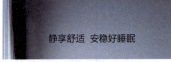

图11-11　　　　　　　　图11-12　　　　　　　　图11-13

11.5.2　详情页首屏设计方法

在详情页设计中，首屏设计非常重要，首屏的设计质量在一定程度上决定了读者是否会继续阅读，而且其也为详情页的风格定下基调。常见的详情页首屏设计方法有以下几种。

方法1：为画面营造光感，不管画面是否有光源，都可以做出一束光来增加画面立体感，如图11-14所示。

方法2：为产品营造一个应用场景，将消费者带入场景，以刺激消费需求。例如，将产品置身于室内环境中，搭建出一个小型应用场景，整体画面给人一种舒适感，再搭配简单的文案强调卖点，如图11-15所示。

方法3：根据产品确定首屏设计风格。并不是所有产品的首屏设计都适合简约的风格，如电子游戏产品，首屏的设计风格就需要偏酷炫一些，如图11-16所示。

第11章 Web产品首页设计案例

图11-14　　　　　　　　　　图11-15　　　　　　　　　　图11-16

11.5.3 详情页制作案例

扫码看视频

随着电子商务的发展，用户的购买习惯发生了很大变化，主要表现为从线下实体店向线上网店迁移。为了给用户提供沉浸式的购买体验，提升产品在电商平台的转化率，电商企业对于详情页的需求日益增加，并且设计要求也越来越高。下面以图书产品《深度学习训练营 21天实战TensorFlow+Keras+scikit-learn》为例，介绍详情页的设计思路和制作方法。

1. 设计前的准备工作

在设计详情页之前，需要先对卖点文案做梳理工作。把卖点文案从头到尾通读一遍，了解内容结构，标题层级，需要突出的文字信息等。然后根据图书封面，构建详情页的整体风格、颜色基调和装饰元素。做好准备工作之后，就可以开始设计了。

2. 首屏设计

（1）在Photoshop中新建尺寸为800像素×2500像素的页面。在【图层】面板上新建纯色图层调整层，并将颜色设置为浅绿色。因为图书封面的主色调为绿色，所以详情页的整体色调都采用绿色。将素材依次拖入页面中，并放置在合适的位置处。将云朵图形的图层混合模式设置为柔光，效果如图11-17所示。

（2）为图书产品搭建场景。使用矩形工具绘制一个矩形并填充绿色，然后使用自由变换工具调整图形的透视效果，使其形成纵深感。再使用矩形工具绘制一个细长的矩形，并填充深绿色，放在绿色矩形的下方，这样场景就搭建完了，如图11-18所示。

选择图书封面图层，单击鼠标右键，在弹出的菜单中选择【混合选项】→【投影】命令，设置投影参数，制作图书封面投影的效果。设置好以后，再使用相同的方法设置卡通形象的投影，使图书封面和卡通形象在搭建的场景中形成立体效果。

（3）使用文字工具在画面的空白处输入文案。因为首屏的文案是展现图书最核心的内容，所以选择笔画较粗的黑体，第1行副标题使用黑色，并添加参数较小、不透明度较高的白色投影来勾勒文字轮廓，使文字看起来更清晰。第2行主标题同样使用白色投影，并添加由浅到深的绿色渐变，效果如图11-19所示。

图11-17

图11-18

图11-19

3. 内容区设计

（1）制作立方体。使用矩形工具绘制一个矩形并填充绿色，分别在绿色矩形的两旁绘制竖长的深绿色矩形，结合自由变换工具调整矩形的透视效果，使其看起来像一个绿色立方体，如图11-20所示。

（2）置入素材。使用圆角矩形工具绘制一个圆角矩形，并填充浅绿色，描边为深灰色，将素材依次拖入页面中，并按照图11-21所示的效果放置。

（3）设置文案的文字属性。使用圆角矩形工具绘制一个圆角矩形，并用黄色填充，深灰色描边。使用文字工具在页面的空白处输入文字【经验】，设置字体、字号和颜色，将文字与圆角矩形居中对齐。在圆角矩形旁输入其他文案，设置文字属性，其中将数字字体放大，字体颜色设置为绿色。如此就制作好一组文案内容，按照此方法设置【实战】和【方法】两组文案内容。

（4）使用文字工具输入文字【预测类】，设置文字属性，并将文字与图形居中对齐。再使用文字工具输入文字【福彩3D开奖预测】，设置文字属性，并将文字与图形居中对齐。选择【福彩3D开奖预测】文字和其图形框，按住<Alt>键向下拖曳进行复制，然后替换文字内容，用此方法制作其他内容。参照图11-22，使用钢笔工具绘制线条形状，并设置描边颜色为深绿色，描边类型为虚线。制作好一组图表后，选择这组图表的内容，按住<Alt>键向下拖曳进行复制，再重复一次此操作，然后替换文字内容，效果如图11-23所示。最终的完成效果如图11-24所示。

图11-20

图11-21

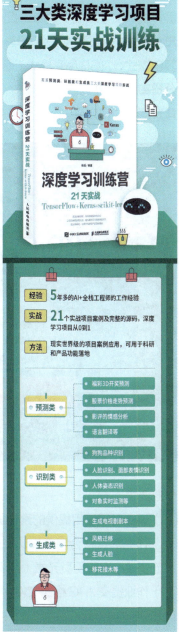

图11-22

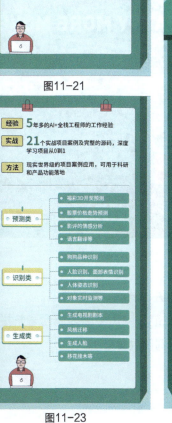

图11-23

图11-24

作业：运动类网站首页设计

使用提供的素材完成运动网站的首页视觉设计。

核心知识点： 网页规范布局、图形工具组、图层样式、文字工具、参考线版面等。

尺寸： 1920像素×1080像素。

颜色模式： RGB色彩模式。

分辨率： 72PPI。

背景颜色： 自定义。

提供的素材

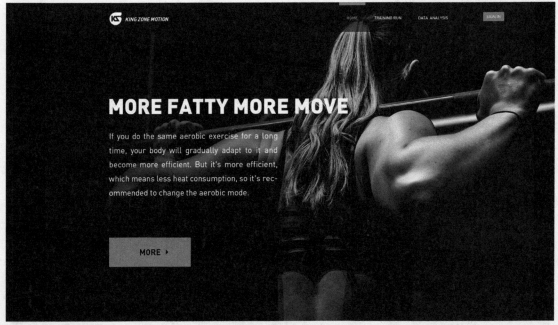

完成范例

作业要求

（1）设计时需使用提供的素材进行制作，文案自拟。

（2）作业需要符合网页设计规范，网页中需要包含导航栏、按钮、Logo、主次文案等，可根据范例效果设置网页元素（范例仅供参考）。

（3）作业提交JPG格式文件。

第 12 章

Web产品设计全流程

通过前面章节的学习，读者应该全面了解了Web产品设计。本章通过一个商业案例，将本书中介绍的Web产品设计的相关知识点串联起来，全流程展示Web产品设计的思路和方法。

12.1 案例说明

设计主题： 家居产品网页设计。

设计背景： 随着时代的发展，基于生活环境和家庭生活形态的变化，人们对家居产品的需求越来越高。为了符合人们的各种需求，家居产品出现了繁多的种类和风格。为符合都市年轻人快节奏的生活方式，以简约风格为主的家具产品应运而生。下面根据要求设计家居产品的网页。设计风格如图12-1所示。本项目的目标用户为海外用户，因此设计为英文网页。

图12-1

网页类型： 网站首页、商品列表页、商品详情页。
尺寸： 1920像素×3800像素。
颜色： RGB色彩模式。
分辨率： 72PPI。
使用软件： Axure RP软件。

12.2 设计准备

了解了设计方向之后，也不能马上着手进行设计，而应进行前期的设计思考，做好设计准备。设计准备工作包括用户研究、头脑风暴、竞品分析、绘制思维导图、产品定位等，主要目的是分析产品与用户之间的联系，制定设计方向。准备设计工作的流程如图12-2所示。

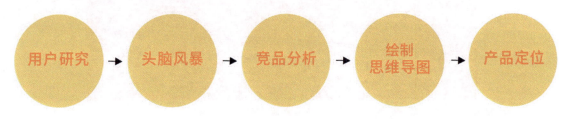

图12-2

1. 用户研究

根据网站特性与销售的产品分析用户需求。

（1）用户信息采集。根据网站的历史销售情况进行总结分析，列出用户认识本网站的渠道、购买时间、性别、年龄段等信息。

（2）分析用户特点。通过对用户信息的分析，得出目标用户有学生、白领、自由职业者等。据调查，大多数用户的年龄段在20~40岁，通过网络信息、亲朋好友介绍和官网的活动宣传等方式了解到网站，如图12-3所示。

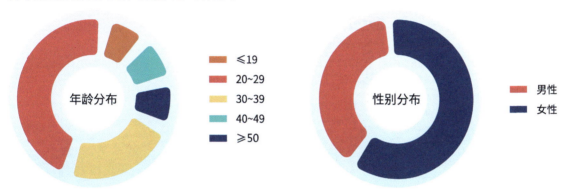

图12-3

（3）关键词提取。将用户信息归纳总结，得出的关键词有年轻化、中等收入、现代化、简约等。根据以上的用户研究、总结，创建用户画像，分析用户的需求，如图12-4所示。

图12-4

2. 头脑风暴

通过用户画像与关键词总结，确定网页的设计方向。以头脑风暴的方式，拟定产品的功能、模块、风格、色调等，进而绘制草图与流程图，规划网站设计方向。

3. 竞品分析

竞品分析是了解行业与产品的有效途径之一。本案例从网页功能的角度入手，对比市场上一些品牌家居产品，对产品的功能进行初步的规划。主要从功能模块方面进行分析，思考网站的功能布局，进行版式设计，如图12-5所示。

	IKEA	红星·美凯龙 MACALLINE	美克·美家 Markor Furnishings	好好住
导航栏	○	○	○	○
登录	○	○	○	○
个人中心	○	○		○
产品分类	○	○	○	○
促销活动	○	○	○	○
新品推荐	○	○	○	○
搜索	○	○	○	○

图12-5

4. 绘制思维导图

竞品分析完成后，将用户分析与产品规划内容总结出来并得到关键词，通过绘制思维导图梳理网页设计中需要表达的内容。思维导图有助于思维的整理和想法的串联，防止关键信息被遗漏，使工作更高效。本案例的思维导图如图12-6所示。

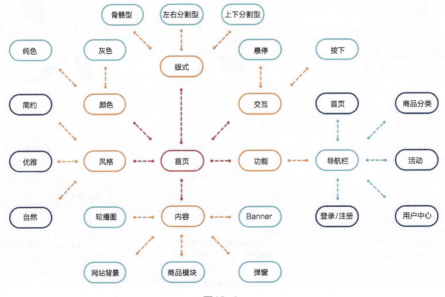

图12-6

5. 产品定位

根据设计要求，分析设计方向。

（1）网页内容。网站主要的功能是销售家居产品，网页的内容主要有商品信息、商品类别、价格信息。交互形式有导航栏、列表、悬停、点击等。

（2）网页风格。面向的用户是在城市中生活和工作的年轻人，商品风格以简约、时尚为主。网页以灰色为主体色调，使用删格设计系统，版式选择有助于突出商品特性的上下分割型、骨骼型和左右分割型。

（3）网页功能。在首页中，主要有展示商品、区分模块、帮助用户快速了解网站布局和引导用户点击商品等功能。根据用户的使用习惯和视线移动规律，通过轮播图的形式展示销量较高或有折扣的商品，吸引用户的注意力，达到宣传商品的目的。明确了产品的用户定位与功能后，就可以绘制原型图了。

12.3 原型设计

经过之前的设计准备，理清需要在网页中展示的内容，就可以进行原型设计了。首先绘制线框图，划定网页版式和模块分布；接着设计原型图，添加交互效果；然后对原型图的功能与交互效果进行测试，检查网页是否使用顺畅，总结测试结果；最后进行添加文字信息前的调整。

1. 绘制线框图

在绘制线框图之前，根据用户画像和竞品分析，设定导航栏的内容。由于用户的视线顺序，导航栏采用的是从左到右、从上到下的排列顺序。上层导航栏的内容为品牌Logo、搜索框、登录、注册和个人中心等模块，下层导航栏的内容为首页、商品分类、活动促销等模块，如图12-7所示。

扫码看视频

图12-7

整理好之前分析的信息后，使用Axuer RP软件绘制线框图。在Axuer RP软件中新建文件，以1920像素的宽度创建栅格，右键单击空白区域，执行【创建辅助线】命令，按照本书第11章中介绍的设置栅格的方法，设置栅格，如图12-8所示。

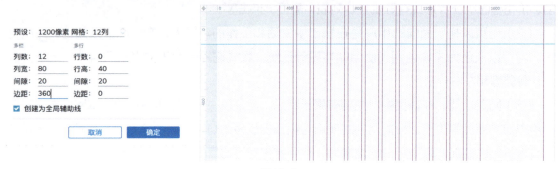

图12-8

栅格绘制好后，就可以绘制线框图了。在元件库中选中元件，将其拖曳到工作面板中。根据之前所绘制的草稿，调整模块版式，进而绘制线框图。以网站首页、商品列表页、商品详情页3个页面为例，绘制的线框图效果如图12-9所示。

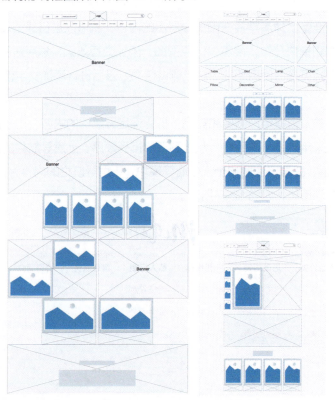

图12-9

2. 绘制原型图

根据线框图确定网站的版式与功能，接下来绘制原型图。

（1）网站首页。针对首页的功能，页面上方放置导航栏、搜索栏和登录按钮等一些可点击的功能信息，在与Banner的相互作用下，可以使用户快速找到想要的商品。背景颜色调整为舒适的灰色，与简约、时尚的商品图片相配合，增添舒适的氛围，向用户提供更流畅的浏览体验，如图12-10所示。

扫码看视频

图12-10

（2）商品列表页。用户在首页点击商品分类按钮后，就会跳转到商品类别页面，在该页面中可以查看促销活动，选择心仪的商品。还可以查看销量、评价、浏览数据较高的商品，如图12-11所示。通过以上操作，用户可以快速地了解商品的情况，对于快节奏的上班族，快速做出选择可能比精选商品更为重要。

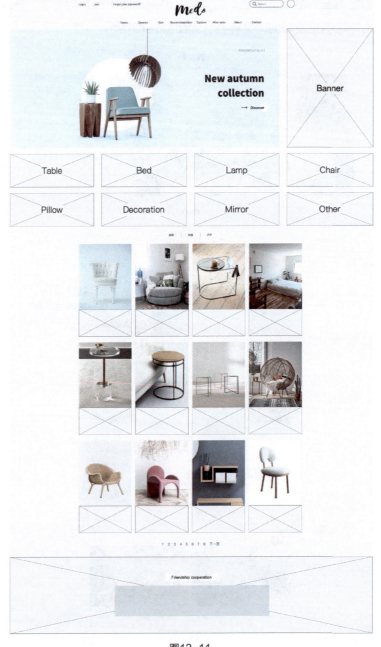

图12-11

（3）商品详情页。用户点击商品分类中的任意一款产品后，会转换到商品详情页面。该页面主要介绍商品的名称、价格、评价、材质、上架时间等信息，让用户能够更加详细地了解商品。除了介绍产品信息，还需要增加相关推荐，为用户展示更多的选择可能性，如图12-12所示。

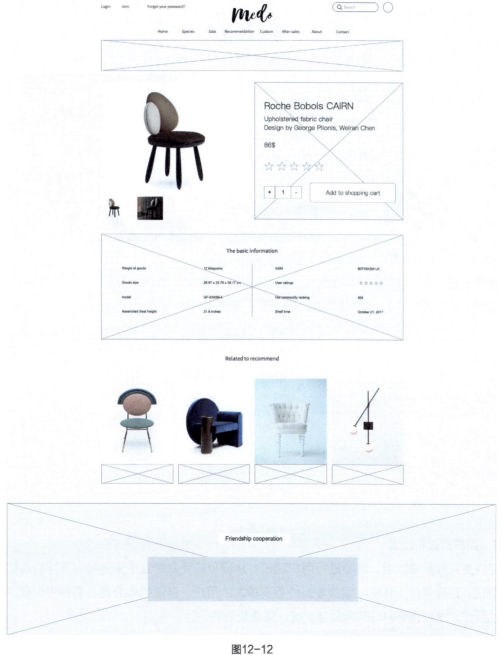

图12-12

3. 交互效果

网站原型图制作完成后，为网站增加交互效果。在导航栏中增加悬停效果，当鼠标指针悬停至导航栏的某一栏处时，出现子菜单，如图12-13所示。

扫码看视频

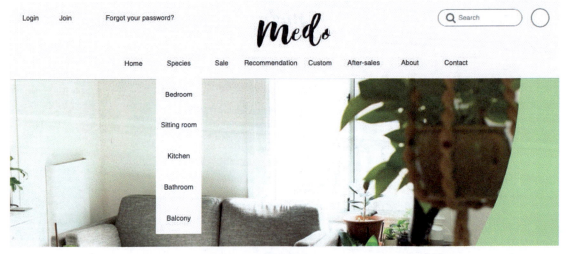

图12-13

接着为各个网页增加跳转交互效果。在【交互】面板中，选择新建交互，再选择触发事件，添加动作为【打开链接】，选择想要跳转的页面，如图12-14所示。

图12-14

4. 用户测试和反馈

完成交互效果设计后，需要进行用户测试。从网页的受众对象中挑选具有不同特点的用户进行测试。选择年龄、性别、职业等条件差别较大的用户，测试结果会更具有参考价值。根据用户的反馈，继续调整网站的界面与功能，完成最后的设计。

12.4 界面设计

根据用户测试和反馈,总结原型图中的不足,完善网页的界面设计。在网页的界面设计中,优化网页的功能,调整交互细节,可以显著地提高用户的体验。网页的设计不是一成不变的,需要不断地适应用户和商品,进行功能和视觉上的更新。

首页界面设计如图12-15所示。

图12-15

商品列表页设计如图12-16所示。

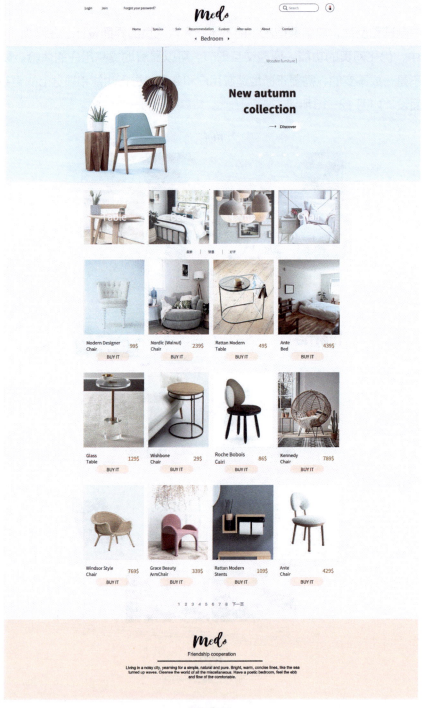

图12-16

商品详情页设计如图12-17所示。

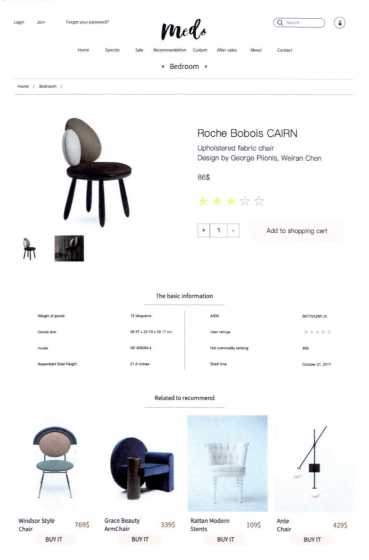

图12-17

作业：购物类Web产品的页面设计

按要求设计完整的购物类Web产品的页面。

核心知识点： 网页设计规范、原型图制作规范、Axure RP软件的应用、交互设计。
尺寸： 1920像素×3800像素。
颜色模式： RGB色彩模式。
分辨率： 72PPI。
背景颜色： 自定义。

作业要求
（1）制作过程完整，要求绘制思维导图、线框图、原型图等，文案自拟。
（2）界面中包含品牌Logo、导航栏、商品展示模块等。
（3）作业提交JPG格式文件。

附录 同步强化模拟题答案速查表

第1章 Web产品交互设计入门

一、单选题

题号	1	2	3	4
答案	D	C	B	A

二、多选题

题号	1	2	3	4
答案	ABCD	ABCD	ACD	ABCDE

三、判断题

题号	1	2	3
答案	√	×	×

第3章 梳理交互设计创意

一、单选题

题号	1	2	3	4
答案	B	C	D	A

二、多选题

题号	1	2	3
答案	ABCD	ABCD	ACD

三、判断题

题号	1	2	3
答案	×	√	×

第4章 制作Web产品流程图

一、单选题

题号	1	2	3	4
答案	D	A	B	C

二、多选题

题号	1	2	3
答案	ABC	AD	ABCD

三、判断题

题号	1	2	3
答案	√	×	×

第5章 Web产品交互原型设计

一、单选题

题号	1	2	3	4
答案	A	C	B	B

二、多选题

题号	1	2	3	4
答案	ABCD	ABCD	ABC	ABCD

三、判断题

题号	1	2	3
答案	×	√	×

第6章 图标设计

一、单选题

题号	1	2
答案	C	D

二、多选题

题号	1	2	3	4
答案	ABC	ABCD	BCD	ABD

三、判断题

题号	1	2	3	4
答案	×	√	√	√

第7章 组件设计

一、单选题

题号	1	2	3	4
答案	A	B	C	B

二、多选题

题号	1	2	3	4	5
答案	AC	ABC	ABD	AC	BCD

三、判断题

题号	1	2	3
答案	×	√	√

第8章 界面设计

一、单选题

题号	1	2	3	4
答案	D	B	C	A

二、多选题

题号	1	2	3	4
答案	ABCD	ABCD	BC	ACD

三、判断题

题号	1	2	3
答案	×	×	√

第9章 图像处理

一、单选题

题号	1	2	3
答案	A	C	B

二、多选题

题号	1	2	3	4
答案	ABC	ABCD	ACD	ABCD

三、判断题

题号	1	2	3	4
答案	×	×	√	√

第10章 运营设计

一、单选题

题号	1	2	3
答案	B	C	A

二、多选题

题号	1	2	3	4	5
答案	ACD	BCD	ABCDE	ABCD	ABCDE

三、判断题

题号	1	2	3	4
答案	√	√	×	√

注：详细的答案解析参见本书配套资源。